아이가 방문을
닫기 시작했습니다

상담실을 찾기 전 듣는 십대의 마음

아이가
방문을
닫기 시작
했습니다

오선화 지음

꿈지락

저자가 드리는 편지

안녕하세요, 오선화입니다. 이렇게 지면으로 인사드리게 되었습니다. 반갑습니다. 언젠가부터 청소년들과 밥 먹는 사람으로 살게 된 저로서는 이렇게 부모님들과 만나리라고는 생각하지 못했습니다. 사실 처음에는 아이들 편에서 아이들의 아픔만 보다보니 부모님의 반대편에 서 있는 게 아닌가 여겨졌습니다. 하지만 한 어머니를 만나고 나서 생각이 바뀌었습니다. 상처투성이인 아이의 어머니를 만난 저는 저도 모르게 "왜 그러셨어요?"라고 물었습니다. 그러자 어머니는 눈물을 흘리면서 나지막하게 한마디 하셨습니다.

"저도 잘하고 싶었어요……."

그때 전 뒤통수를 한 대 얻어맞은 것 같았습니다. 그리고 그제야 깨달았습니다.

부모님들도 일부러 그런 게 아니구나.

좋은 부모가 되고 싶어 하는구나.

정말 잘하고 싶어 하는구나.

그런데 그게 잘 안 될 뿐이고, 그래서 많이 아프시구나.

그 깨달음 이후에 제 역할을 바꿔야겠다 마음먹었습니다. 청소년을 위로하고 살리는 역할에서 조금 더 발전하고 싶었습니다. 아이를 살리고 나면, 왼손에는 부모의 손을, 오른손에는 아이의 손을 잡고 중간에서 그들을 만나게 해야겠다는 생각이 들었습니다. 친구와 친구가 싸웠을 때 중간에서 서로의 마음을 전하고 이어주는 참 고마운 친구처럼 말입니다. 전 부모와 자녀 사이에서 그런 친구가 되고 싶습니다. 이 책을 통해 그런 친구가 되어보고자 합니다. 제 손을 잡아주세요. 아이들 곁으로 더 가까이 데려다 드리겠습니다.

2019년

오선화 드림

CONTENTS

1 서로의 마음 문을 여는 방법

2 사춘기라 이러는 걸까요?

3 뭐가 되고 싶고 하고 싶을까요?

4 이런 습관 괜찮을까요?

5 어떻게 해야 서로 이해할 수 있을까요?

6 부모 노릇이 원래 힘든가요?

서로의 마음 문을
여는 방법

살아 있어서
고맙습니다

　안녕하세요. 저는 청소년들과 밥 먹는 사람, 오선화입니다. 벌써 청소년들을 만나기 시작한 지 10년이 되었네요. 우연히 동네 청소년들과 이야기를 나누게 되었는데, 그 아이들의 이야기를 듣다가 여기까지 왔어요. 저는 지금도 청소년을 만나는 게 좋습니다. 아마 청소년들이 저와 만나는 걸 싫다고 할 때까지는 이렇게 살 것 같아요.

　청소년들을 만나다보면 부모님을 만날 일이 자연스럽게 생겨요. 제 쪽에서 먼저 아이 문제를 상의하기도 하고, 상담으로 부모님이 찾아오시기도 하죠. 그런데 사실 몇 년 전까지만 해도 부모님을 만나는 게 싫었어요. 아이들을 만나다보니 아이들의 마음에 동화돼서 그랬을 거예요. 저도 어른이면서 어른들이 별로더라고요. 아이들의 상처는 사회와 어른에게서 온 것이거든요. 아이들이 스스로 만든 상처는 별로 없어요. 얼마 전에 어떤 아이가 그러더라고요. 자신에게 문제가 있다고요. 그래서 뭐가 문제냐고 물었더니 "부모님이 이혼하셨어요" 하고 말하는 거예요. "그게 왜 너한테 문제가 있는 거야? 문제없어" 이렇게 말해주었더니 아이는 슬피 울었어요. 아이들이 부모의 문제를, 어른들의 일을 자신의 문제로 껴안고 사는 경우가 참 많습니다. 그런 이야기를 자주 들으니 어른들이, 부모님들이 좋을 리가 없잖아요. 그래서 부모 강의나 상담 요청도 반려하고 아이들만 열심히 만났죠.

그러다가 이제 정말 부모님을 만나야겠다는 생각을 한 계기가 있었습니다. 저는 아이들에게 "살아줘서 고마워"라는 말을 많이 하는데요, 목숨을 끊는 친구들을 꽤 봤기 때문이죠. 오늘 상담하기로 했는데 어제 하늘나라에 갔다는 이야기를 들은 적도 있어요. 그런 일들을 접하다보니 아이들이 살아 있는 게 정말 고마워요. 제 지인이 아이의 성적 문제로 고민하길래 이렇게 말했어요. "그게 뭐가 걱정이야. 애가 살아 있는데……." 그랬더니 무슨 이상한 소리냐고 하더라고요. 그래요, 평범한 부모님들이 들으면 정말 이상한 소리일지도 몰라요. 하지만 저는 진짜 아이들이 살아 있는 게 고마워요. 아이들을 만나면 살아 있어서 고맙다는 말이 절로 나올 정도로요. 제 말을 들은 아이들은 집에 가서 부모님에게 "엄마, 나 살아 있는 게 고마운 거래"라고 이야기를 전한대요. 그런데 대부분 부모님의 반응이 그렇게 실망스러울 수가 없어요. "맞아, 살아 있어줘서 고마워"가 아니라 "헛소리 그만하고 가서 공부해"래요.

이런 이야기가 저로 하여금 부모님들을 만나야겠다는 생각을 하게 했어요. 아이에게만 살아 있어서 고맙다는 마음을 전하면 소용이 없겠구나. 같이 사는 부모님들에게도 아이들이 살아 있는 건 고마운 일이라고, 요즘같이 힘든 세상에 살아 있는 것도 재능이라고 말씀드려야겠구나. 왼쪽 끝에 가 있는 아이를 당겨오고, 오른쪽 끝에 가 있는 부모를 당겨와 가운데에서 만나게 해줘야겠구나. 그래야 아이가 더 살겠구나. 이런 생각을 하게 되었어요. 그래서 부모님들을 만나러 왔답니다. 아이들이 살아 있음을 고마워해주세요. 여러분이 살아 있음은 제가 고마워할게요. 고맙습니다, 정말.

★ ★ ★

아이는 생명이에요

기억나세요? 지금 십대인 내 아들, 딸이 배 속에 있었을 때 말이에요. 상담 오신 부모님께 이렇게 이야기하면 "아유, 배 속에 다시 넣고 싶네요"라는 말씀을 많이 하세요.(웃음) 기억나시죠?

배 속 아기집의 작은 점이었던 그 생명이 지금 매일 소리 지르게 하는 그 녀석이잖아요. 임신했다는 느낌이 들었을 때 우리는 산부인과에 갔어요. 그리고 그 녀석의 존재를 확인했죠. 작은 점을 가리키며 의사가 그랬어요. "임신하셨습니다." 그때 우리 모두 "감사합니다!" 했죠. 의사가 해준 것도 없는데다 우리가 돈 내고 진료 받는 건데 뭐가 그리 감사했을까요? 생명을 확인해서 그랬던 게 아닐까요. 생명은 그런 존재거든요. 존재한다는 것만 알게 되어도 기쁘고 감사한 존재요. 그 존재를 확인하며 우리의 소원은 다 같았죠. 아기가 태어나서 건강하게 잘 먹고 잘 자라기를……. 그런데 청소년 자녀를 둔 부모님들이 저를 찾아와서 털어놓는 고민 중에 가장 많은 게 뭔 줄 아세요?

"아이가 생각 없이 처먹고 잠만 자서 힘들어요."

이거예요.(웃음) 그럼 제가 뭐라고 하는지 아세요?

"와, 그럼 소원이 이루어지셨네요."

이렇게 말해요. 왜냐고요? 아기가 태어나서 잘 먹고 잘 자라기를 바라셨으니까 그 소원이 이루어진 거잖아요. 그런데 우리는 왜 감사하지 않고 짜증을 내며 그게 바로 고민이라고 말할까요? 제 생각엔 우리의 기준이 바뀌어서 그런 거 같아요. 배 속에 있을 때는 그저 생명의 존재만으로도 감사했는데 이젠 그런 걸로 감사하진 않거든요. 등급이 높아야 감사하겠대요. 내가 낳은 아들, 딸인데요. 이렇게 학원 보내주고 공부시켜주니 이 정도는 해야지 사랑스럽대요. 이상하지 않아요? 부모 자식 사이는 어떤 조건을 이행해야만 성립되는 계약이 아닌데, 우리는 조건을 제시하고 그 조건에 맞아야 사랑할 것처럼 이야기하잖아요. 내 자식인데 말이에요. 그래서 저는 아이가 생명이라는 걸 기억해주셨으면 좋겠어요. 아주 작은 점이었을 때, 아이의 심장 소리를 초음파 기계를 통해 들었을 때, 아이가 공부 못하면 소리 지를 거라고 말한 부모는 아무도 없을 거예요. 그저 건강하게만 자라라고 하셨을 걸요.

아이를 잃은 부모님 중 어느 분도 아이가 살아 돌아오면 공부를 잘해야 한다고 말하진 않아요. 아이가 살아 돌아오기만을, 살아 돌아와 다시 함께 밥을 먹기를 바라죠. 그런데 아이를 잃지 않은 우리들은 아이가 살아 있는 것만으로 감사하지 않아요. 오히려 밥을 먹는데도 타박을 하죠. 왜 그럴까요? 아이가 생명이라는 걸 잊어서 그래요. 배 속에 있을 때 건강하게만 자라달라는 그 아이가 지금 잘 먹고 잘 자는 그 아이라는 걸 잊어서 그래요. 그러니 다시 떠올려보자고요. 생명이다. 생명은 존재만으로도, 살아 있는 것만으로도 환영받아야 하고 기쁜 존재다. 아이를 보며 못마땅함은 잊고, 마땅히 기억해야 할 생명에 대한 감사를 떠올려주셨으면 좋겠어요.

★ ★ ★
집에 들어가는 '조건'이 없기를 바라요

불우한 가정에서 자라 집을 떠나야 하는 경우라면, 폭력가정에서 아이를 구출해야 하는 경우라면 집에 들어가지 못하는 게 당연하죠. 어떻게든 방법을 찾아서 쉼터든 센터든 아이가 거처할 집을 마련해줘요. 그런데 평범한 가정의 아이들에게 집에 못 들어간다는 이야기를 자주 들어요. 저는 왜 그게 더 슬플까요? 슬픔인지 모르는 게 더 슬플 때가 있어요. 슬픔인지 모르니 눈물을 닦아줄 수도 없고요. 방법을 찾을 필요가 없다고 생각하니 방법을 찾아줄 수도 없죠. 그래서 그런가 봐요.

"성적이 떨어져서 집에 못 들어가요."

"학원비만 쓰고 등급이 더 떨어졌어요. 집에 못 들어가요."

"또 잘못을 했어요. 집에 못 들어가겠어요."

집에 대해 생각해봐요. 성적이 떨어지지 않아야, 학원을 다녔으니 마땅히 등급이 올라야, 잘못을 하지 않아야 들어갈 수 있는 게 집일까요? 만약 그런 게 집이라면 아이들뿐 아니라 우리도 못 들어가야 하지 않겠어요?

"승진을 못해서 집에 못 들어가요."

"경력이 단절돼서 직장 구하기가 어렵네요. 집에 못 들어가겠어요."

"설거지를 하고 외출했어야 하는데 못하고 나와서 집에 못 들어가요."

"마이너스 통장을 개설했어요. 집에 못 들어갈 것 같아요."

잘 생각해보세요. 우리는 이렇게 말하지 않죠? 주부로 살고 있는 엄마든 아빠든, 워킹맘이든, 워킹대디든 우리가 가족구성원이 요구하는 조건을 충족시키지 못했다고 집에 못 들어가지는 않잖아요. 그런데 왜 아이들이 이런 말을 하게 되었을까요? 어른이 갑이고, 아이들이 을인 건 아닌데 말이에요. 생명이 살아 있음을 보고 감사하려면, 이 조건이 없어져야 해요. 집은 무엇을 잘해야 들어갈 수 있는 곳이 아니라 어떤 모습으로든 들어가 쉴 수 있는 곳이어야 해요. 가족은 무엇을 잘해야 사랑하는 사람이 아니라, 마땅히 사랑하라고 주어진 존재라는 걸 기억해야 해요.

'어떤 조건' 때문에 아이가 미우신가요? 어떤 조건이 아이를 사랑하지 못하게 막나요? 스스로에게 물어보세요. 각자의 답이 다를 수 있으니까요. 어떤 조건으로 자랑하고 싶으신가요? 그 조건이 생명을 사랑하는 걸 가로막고 있지는 않나요?

부모는 무엇이
가장 힘들까요?

★ ★ ★

1. 너무 힘들어요

"모든 게 너무 힘들어요."

육아를 하는 엄마들이 저에게 가장 많이 했던 말이에요. 정말 저도 육아는 다시 하라면 절대 못할 일 베스트 1이랍니다.

여기서 제 선배 이야기를 조금 해볼게요. 선배는 워킹맘인데 아기를 낳고 육아휴직이 끝난 뒤 다시 출근을 했어요. 집에 입주 도우미를 두고요. 어느 날, 정신없이 출근하다가 중요한 서류를 놓고 온 걸 깨달았어요. 그런데 급히 돌아간 집에서 깜짝 놀랄 만한 일을 마주하게 되죠. 아이가 막 기어 다닐 때였는데요, 도우미가 아기를 빨래바구니 안에 넣어둔 거예요. 빨랫감 넣는 큰 빨래바구니 있잖아요. 선배는 너무 놀라서 이유를 물었어요. 그랬더니 도우미가 아무렇지도 않게, 기어 다니면서 청소를 못하게 해서 청소할 때만 잠시 넣어두었다고 하더래요. 그래도 그렇지, 어떻게 아기를 빨래바구니에 넣을 수 있냐고 따졌죠. 도우미는 정말 잠시만 넣었다 꺼낸다고 했대요. 선배는 서류를 가지러 집에 왔다가 사직서를 가지고 출근했어요. 저에게 전화해 그 이야기를 하면서 며칠을 울었죠. 저도 아이 키우는 입장이니, 저절로 공감이 되더라고요. 너무 화가 나고 속상했어요. 그러다가 한 달 후쯤 다시 연락이 왔어요. 저는 반갑게 전화를 받았죠.

"언니! 이제 마음 좀 괜찮아요?"

"아니……."

"왜요? 아직 안 좋아요? 하긴 그렇게 화가 났는데 오래갈 수 있죠."

"아니, 그게 아니라…… 나, 그 도우미가 이해가 돼."

"네?"

"내가 막상 아기를 보니까 그럴 수도 있었겠더라."

저는 웃음이 터졌어요. 언니도 그랬죠. 웃프다는 말은 이럴 때 쓰는 거겠죠? 정말 슬픈데 정말 웃겼어요. 육아를 경험하신 분들은 이 말에 대해 설명 안 드려도 아시겠죠? 육아는 해보면 정말 그 도우미가 이해될 만큼 힘든 일이잖아요. 아이가 커도 마찬가지죠? 저희 큰딸이 고등학교에 들어간다니까 친구들은 이제 다 키웠다고 하더라고요. 하지만 저는 청소년들을 만나는 사람이라 그런지 분명하게 알고 있거든요. 아직 멀었다는 걸.(웃음) 여러분도 그렇죠? 중학교만 들어가면 끝일 줄 알았는데 또 다른 시작이었잖아요. 한숨이 나오실 테니 제가 그 한숨을 줄어들게 해드릴게요.

부모의 나이는 아이의 나이와 같아요

먼저 우리 마음속 한마디를 꺼내야 해요. 내 자식을 바꾸느니 내가 바뀌는 게 훨씬 편하고 가능성도 있거든요. 우리 마음속 한마디가 뭐냐 하면요.

"내가 너보다 어른이야!"

이 말이에요. 우리 마음속에 있는 이 문장이 우릴 더 힘들게 한답니다.

"내가 너보다 어른이야. 그러니 내 말을 들어."

그런데 이 말이 정말 맞는 말일까요? 저는 아니라고 생각해요. 우리가 생명의 나이로는 어른일 수 있지만, 부모의 나이로는 어른이 아니에요. 부모는 아이가 태어나면서 같이 태어나는 이름이잖아요. 그럼 부모의 나이는 아이의 나이와 같은 거죠. 아이를 서른 살에 낳았든, 마흔 살에 낳았든 엄마의 나이는 서른이나 마흔

이 아니에요. 아기와 같이 한 살이죠. 여러분이 전문직이든 주부든 나이가 얼마든 상관없이 부모의 나이는 아이의 나이와 같은 거예요. 아이가 태어날 때 우리도 부모로 태어나니까요. 그때 처음 부모가 돼본 거예요. 그러니 우리는 어른의 나이로 아이를 판단할 게 아니라 부모의 나이로 생각해야 해요. 아이가 처음 걷기까지 3천 번 넘어진대요. 우리도 부모로 걷기까지 3천 번은 넘어지죠. 아이도 실수하고 부모도 실수해요. 우리도 부모는 처음이니까요. 이 나이 먹도록 살았지만 부모는 안 해봤으니까요. 그러니 기억하셔야 해요. 어른으로서는 맞을지 모르지만, 부모로서는 틀릴 수도 있다는 것을요. 아이에게 뭔가 맞는 말을 해주고 싶을 때 생각하세요. 나도 틀릴 수 있다는 걸. 나는 어른이 아니라 이 아이와 같은 나이의 부모라는 걸. 그럼 한숨을 조금은 줄일 수 있을 거예요. 아이가 우리 마음대로 되지 않아 한숨이 나는데, 우리 마음대로 되는 게 꼭 맞는 일은 아니라는 걸 알게 될 테니까요.

부모의 생각이 항상 정답은 아니에요

사실 우리가 힘이 드는 건 아이들이 힘들게 해서라기보다 우리 스스로의 생각 때문인 경우가 더 많아요. 우리는 아이가 남한테 말할 수 없는 상황을 만들면 힘들어해요. 그런데 솔직히 말해 말할 수 없는 상황이라는 것도 우리의 생각 때문이랍니다. 아이가 재수를 하는 건 말할 수 있는데, 삼수를 하는 건 말 못하겠대요. 삼수를 한다는 사실이 좀 부끄러워서겠죠. 아이가 10등 안에 못 들었을 때는 말할 수 있었는데 22등을 하니까 말 못하겠대요. 한 반의 정원이 27명인데 어떻게 22등을 할 수 있냐고요. 이래서 힘든 거예요. 친구에게, 친척에게 이야기 못하니까요. 자랑 못하니까요. 우리는 어쩌면 아이의 현 상황보다 지금 어디에도 말할 수 없다는 우리의 생각 때문에 힘들어하는 걸지도 몰라요. 그런데 우리의 생각은 우리의 생각일 뿐이에요. 얼마 전에 상담 오신 어머니가 그러시더라고요. 애가 중학교에 들어간 후에는 책을 잘 안 읽는다고요. 그게 왜 문제냐고 물었더니, 본인 생각에는 중학교 때 읽은 책이 제일 많이 기억난대요. 그런데 아이가 안 읽으니 문제래요. 그래서 제가 그랬어요.

"제일 많이 기억나는 책은 중학교 때 읽은 책이 아니라 바로 어제 읽은 책 아닐까요?"

어머니는 당황하시며 "아…… 그 생각은 못해봤네요" 그러시더라고요. 그냥 우리 생각이잖아요. 중학교 때 읽은 책이 가장 많이 기억나는 건 개가 아니라 나죠. 내가 그랬다고 해서 개도 그럴 거라는 보장은 없어요. 그런데 나의 생각 안에 아이를 가두면 아이는 얼마나 답답할까요? 아이는 나의 자식이기 이전에 하나의 인격이죠. 우리는 그 인격을 존중해주어야 하고요. 그러니 곱씹어 생각하실 것은 이것 한 가지예요.

'나의 생각은 나의 생각일 뿐이다. 나의 생각도 틀릴 수 있다.'

그 생각을 자꾸 하셔서 아이를 우리 생각에 가두지 말고, 우리도 우리 생각에 갇히지 말자고요. 우리 또한 아이와 같은 나이의 부모이니 틀릴 수 있다고 자꾸 생각하자고요. 그럼 우리의 마음이 먼저 편해질 거예요.

★ ★ ★
2. 불안해요

부모님들이 저에게 두 번째로 많이 하는 말씀은 "불안해요"입니다. 제가 말레이시아에 있는 한인 청소년들을 돕기 위해 출국을 앞두고 있었을 때의 일이에요. 그런데 그때 마침 말레이시아에 거주하는 한인이 피살됐다는 뉴스가 나왔죠. 그 뉴스를 본 친구 하나가 걱정이 돼서 전화를 했더라고요.

"선화야, 뉴스 봤지? 말레이시아에서 한국인이 피살됐대. 지금 가기는 너무 위험한 거 아니야?"

그래서 제가 그랬어요.

"너, 그 뉴스만 본 거 아니지? 뉴스 전체를 다 봐. 그럼 있잖아, 알게 될 거야."

"뭘?"

"한국이 더 위험하다는 거."

친구는 맞는 말이라며 웃었어요. 그렇지 않나요? 한국도 위험하다는 뉴스, 많이 나오잖아요. 우리는 위험한 시대에 살고 있어요. 그래서 저는 여러분이 수많은 정보로부터 자신을 지키실 수 있으면 좋겠어요. 우리는 너무 얕게 많이 알아요.

ADHD에 대해 알고 계신 부모님 가운데 상당수가 아이가 좀 산만하기만 해도 ADHD 아니냐고 걱정하시곤 해요. 그런데 그 정도 산만한 걸로 ADHD면 초등학교 때 선생님에게 매일 혼나던 말썽꾸러기 전부 ADHD였을 걸요? 하지만 걔네들한테 병이라고 말하는 사람은 없었어요. 왜요? 그때의 우린 ADHD라는 걸 몰랐으니까요. 우리는 허언증이라는 말도 몰랐잖아요. 그런데 이제 알죠. 그러니 아이가 이상한 나라에 사는 사람 같은 말을 하면 허언증 아니냐고 걱정하세요. 아이들은 원래 상상의 나래를 펴며 상상 속의 말을 많이 하는데요. 사실 그건 상상력이 풍부한 건데, 허언증을 아니까 괜히 걱정이 되는 거예요. 물론 진짜 치료받을 아이라면 예민하게 판단해서 병원으로 데리고 가야겠지만, 그렇지 않은 경우 쓸데없는 걱정을 하시는 것밖에 안 돼요. 너무 많은 것을 알아서 점점 더 불안해지는 세상에 우리는 살고 있죠. 그래서 어쩌면 불안한 건 아주 당연한 일인지도 모르겠어요. 하지만 이 불안함을 조금이라도 없애고 싶긴 하잖아요? 그럼 어떻게 해야 할까요?

아이를 믿어주세요

아이 때문에 불안하다는 부모님으로부터 상담 문의가 오면 저는 초음파 사진을 가지고 오시라고 말해요. 배 속 아기를 찍은 초음파 사진이요. 그리고 그 사진을 보며 말씀드리죠. 우리는 이 아이를 이때부터 믿었어요. 그러니 믿어주세요.

"그게 무슨 말씀이에요?"

반문하시는 부모님들께는 이렇게 설명드려요.

"우리는 이 아기가 생명이라고 할 때 의심하지 않았어요. 그게 참 신기한 점이요, 우리는 합리적인 인간이잖아요? 나무로 탁자를 만든다고 하면 믿지 않다가 나무가 탁자의 모양이 되어갈 때 믿어요. 플라스틱으로 물병을 만든다면 믿지 않다가 물병의 모양이 갖춰지면 그제야 믿죠. 우리는 어떤 모양을 눈으로 확인하고 나서야 믿는 사람들이거든요. 그런데 생명만큼은 그저 점 하나를 보고도 믿어요. 아무것도 확인하지 않고 오직 점 하나만 봤는데도 생명이라는 걸 의심하지 않죠. 그런데 지금 좀 의심할 만한 일이 있다고 해서 아이를 믿지 못하는 건 말이 안 되잖아요. 이렇게 자세히 봐야 겨우 보이는 점일 때도 내 아이라는 걸 믿었는데요."

이렇게 말씀드리면 반성하시는 부모님도 계시고요, 그래도 못 믿겠다는 부모님들도 계세요. 그럼 또 말씀드리죠.

"세상에는요, 한 사람을 믿어줄 한 사람이 별로 없어요. 세상은 더더욱 잘해야만 겨우 믿어주는 마음씨를 가지고 있거든요.

우리가 안 믿어주면 아이가 믿고 의지할 곳이 하나도 없을지 몰라요. 가끔 제가 돌보는 청소년이 사고를 쳐 보호자 자격으로 갈 때가 있어요. 상대방의 부모가 막 몰아붙이면 저는 그래요. 진짜 착한 아이예요, 이럴 리가 없는데 너무 죄송해요. 그리고 나면 열에 여덟은 다시 안 그러겠다고, 고맙다며 울죠. 물론 나머지 둘은 감정의 동요가 없어 보여요. 하지만 느껴요. 세상에 믿어주는 사람 한 사람 있다는 것이 다시 살아갈 힘이 된다는 것을요. 믿어주는데 더 나쁘게 행동하는 녀석은 없어요. 더 관심 받으려고 나쁘게 행동하는 척하는 녀석은 있어도, 그건 사랑해달라는 거지 더 나빠지는 게 아니잖아요. 세상 모두가 나쁘다고 해도 어머님은, 아버님은 믿어주세요. 그 바보 같은 믿음이 아이를 살릴 거예요."

믿지 않고 불안해하나 믿고 불안해하나 우리의 불안함은 같다고 생각해요. 그러니 이왕이면 믿는 게 낫지 않겠어요? 불안하더라도 "엄마는 널 믿어"라고 해주세요. 그리고 더욱 믿어주세요.

불안함의 시작은 언제였을까요?

돌이켜보면 우리 불안함의 시작은 처음 육아를 경험할 때였어요. 아이가 서너 살쯤 됐을 때요, 집에서 아이를 보고 있는데 누가 벨을 눌러요. 문을 열어보니 전집 판매원이 서 있는 거예요. 80권 세트 전집을 팔아야 하는 판매원은 열심히 설명을 시작하고, 그냥 대충 흘려듣다 문을 닫자 마음먹죠. 그런데 그때 판매원이 이렇게 말해요.

"이거 읽으면 창의력이 좋아져요."

우리를 약하게 하는 말이죠. 아이가 창의력이 없기를 바라는 부모는 없으니까요. 그런데 책을 읽으면 창의력이 좋아진다는 말은 오류가 있어요. 책을 읽는 것도 창의력이 있는 것도 참 좋죠. 하지만 책을 읽는 것으로 창의력이 좋아진다고 볼 수는 없지 않을까요? 책을 읽으면 어휘력이 풍부해지고 사고와 논리력이 발달하며, 정서발달에도 도움이 돼요. 한데 창의력은 호기심을 가지고 문제를 해결하기 위해 새로운 생각을 하는 거잖아요. 영유아기 때 부모와 아이가 긴밀한 애착관계를 형성하는 것이 창의력 발달에 더 좋다고 생각해요. 부모가 아이의 우뇌를 자극하는 활동을 함께 해주면 더욱 좋은데, 우뇌는 부모와의 상호작용, 스킨십, 놀이, 체험 등에 의해서 발달하죠. 그러니까 책, 그것도 전집 한 세트를 읽으면 창의력이 좋아진다는 말은, 우유도 맛있고 밥도 맛있으니 우유에 밥을 말아 먹어야 한다는 말인 것과 같아요. 하지만 우리는 넘어가요. 왜요? 책도 읽히고 싶고 창의력도 키워주고 싶으니까요. 그래도 한 세트를 구매하는 건 무리겠다 싶어 망설이고 있으면 다음 말이 들려오죠.

"옆집 민수 엄마도 샀어요."

여기서 우린 무너집니다. 우리 철수가 민수보다 못한 게 없는

데 부모가 못나서 민수가 산 전집을 안 사주면 우리 철수만 창의력이 없는 게 되는 거죠. 그럴 리가 없지만 그 상황에선 그렇게 무너져서 바로 사인을 하고 있는 자신을 발견하게 돼요. 그래도 그 순간에는 안도하죠. 사은품으로 받은 책꽂이에 1권부터 80권까지 꽂아두면 어찌나 기쁜지요. 12개월 할부지만 괜찮아요. 우리 아이의 창의력이 좋아질 거라 믿으니까요. 불안함이 싹 사라지죠. 민수가 산 전집을 철수에게도 사주었으니까요. 그런데 참 우리 마음이 웃긴게요, 1권부터 80권까지 전부 해서 80만 원이면 권당 만원이잖아요? 그럼에도 할부가 남아 있으면 한 권만 스크래치가 나도 마음에 80만 원 상당의 스크래치가 나요. 그래서 스크래치를 낸 아이한테 짜증을 내죠. 그리고 아이가 책 몇 권을 화장실 앞에 갖다 두기라도 하면 가르쳐요. 각 권마다 제자리에 꽂으면서 여기에 꽂는 거라고요. 그런 일이 반복되면 아이는 책을 안 보게 돼요. 왜냐고요? 그건 책이 아니라 엄마의 고려청자니까요. 우리 어렸을 때 집에 도자기가 있으면, 그 근처에는 얼씬도 안 했잖아요. 그걸 깨뜨리면 아버지한테 얼마나 혼날지 아니까요. 아무튼 그래도 뭐 우리의 마음은 괜찮았어요. 민수 엄마가 놀러 왔을 때 1권부터 80권이 나란히 꽂혀 있는 책장 앞에서 차를 마셨으니까요. 보여줬으니 됐죠. 그런데 어느 순간부터 다시 불안해져요. 왜요? 창의력 전집 말고도 다른 전집이 많다는 걸 알게 됐거든요. 동화, 세계 명작, 위인, 자연과학…… 끝도 없죠. 마치

구두 사면 옷이 없고 귀고리 사면 가방이 없는 것처럼 끝이 없어요. 그래서 너무 많이 알면 피곤한데 알고 싶어서 아는 게 아니라 알게 되는 거니까 그냥 계속 불안하죠. 그런데 우리의 불안함 속에 무슨 마음이 깊게 뿌리박고 있는지 아세요? 우리 아이가 재능이 없을까 봐, 그 재능을 내가 키워주지 못할까 봐 불안한 마음이 참 깊어요. 그런데 그 마음은 오해인 거 아세요?

아이의 재능은 '누구보다'가 아니라 '아이처럼'

우선 재능을 부모가 키워줄 수 있다는 건 오해입니다. 재능이라는 게 태어날 때부터 받은 것을 의미하는데 그건 키운다고 키울 수 있는 게 아니기 때문이에요. 요즘 한편에선 가장 좋은 재능이 '인내'라고 하는데 우린 그건 성품이지 재능이라고 안 하잖아요. 명문대도 아니고 자랑할 수 있는 게 아니니까요. 보이는 것도 아니고요. 그런데 뭐든 시작하고 짧게 하는 젊은이들은 많은데, 길게 오래 꾸준히 하는 젊은이들은 얼마 없대요. 선배 작가님이 그러시더라고요. 재능보다 중요한 건 엉덩이를 오래 붙이고 있는 힘이라고요. 그게 인내 아닌가요? 그런데 우린 그런 재능은 필요 없죠. 사실 스펙이 중요한데, 스펙이 중요하다고 말하면 왠지 속물 같아서 재능을 키워주고 싶다고 말하는 거잖아요. 그러니 우리는 계속 재능을 오해할 수밖에 없어요. 사실 더 큰 오해는 따로 있습니다. 재능을 누구보다 잘하는 것으로 생각하는 거예요. 아이가 청소년이 되면 등급이 매겨지죠. 숫자로 생명을 판단하는데 우리는 또 거기에 속아 넘어가요. 상위 등급을 받아야 재능이 있는 거라고 세상은 속삭이니까요. 그러니 아이들이 물어요.

"엄마가 셰프는 이제 하고 싶어 하는 사람 너무 많다고 안 된대요. 최고가 될 수 없을 거래요."

"써나쌤, 작가도 많죠? 그 많은 사람들 중에서 제가 잘할 수 있을까요?"

아이는 최고가 되고 싶다고 한 게 아니라 좋아하는 일을 찾았다는 건데, 상위 등급이 되지 못할 거면 하지 말라고 어른들은 말해요. 그럼 뭘 할 수 있을까요? 사실 다 많잖아요. 작가도, 바리스타도, 가수도, 여타의 다른 직업들도 다 많아요. 너무 많으니 어렵다고 하면 다 어려운 거죠. 그리고 꼭 최고가 되어야 하는 건가요? 최고는 한 명이잖아요. 많이 봐줘도 세 명 정도이지 않겠어요? 한데 저는 꼭 그 안에 들어야 할 필요는 없다고 생각해요. 자신의 일을 즐겁게 하면 되는 거죠. 저는 그래서 재능이 '누구보다 잘하는 것'이라고 생각하지 않아요. 그 아이답게 하는 것이라고 생각해요. 저는 작가예요. 작가는 아주 많죠. 저는 최고가 아니란 걸 스스로 잘 알아요. 저보다 잘 쓰는 작가는 아주 많거든요. 하지만 저는 저답게 쓸 수 있어요. 입에서 나오는 말투 그대로를 문체로 사용해서 입말체를 만들었어요. 입말체는 저의 특징이죠.

아이들도 어른들도 제 책을 읽으면 음성 지원이 되는 것 같다고 해요. 그런 이야기를 들으면 기분이 좋답니다. 저답게 글을 쓴다는 걸 알아주는 거니까요. 저는 저보다 잘 쓰는 작가가 많다는 사실보다 제가 저답게 쓰며 오래 작가 생활을 할 수 있다는 게 중요해요. 자녀분도 그럴 거예요. 1등이 될 수 없을지 모르지만 자신답게는 할 수 있을 거예요. 그러니 너무 불안해하지 마세요. 우리가 불안해한다고 뭐가 해결되는 게 아니니까요.

아이에게 쏠린 에너지를 다른 데 사용하세요

그래도 계속 불안하시면 에너지를 다른 데 사용하세요. 불안함에 자꾸 물을 주고 영양분을 주면 불안함만 자라니까요. 다른 것에 물을 주고 영양분을 주세요. 자신을 위한 일에 에너지를 사용하셔도 좋아요. 영화를 보고 책을 읽거나 자신이 좋아하는 일을 하세요. 스트레스를 풀 수 있는 일이면 더욱 좋죠. 자원봉사를 하셔도 좋아요. 에너지가 아이에게 쏠려 있으면 아이도 힘들지만 우리 자신도 힘들거든요. 지금 이 책을 읽으시는 한 분 한 분의 성향을 다 알 수 없어서 꼭 이걸 하시라고 답을 드릴 수는 없지만, 자신이 하고 싶은 걸 하시면 돼요. 건강한 일로 잘 선택해서 하시면 좋겠죠. 우리의 마음도 환기가 되고요. 아이가 고3이라고 집 밖에 안 나갔던 언니가 그러더라고요. 왜 그랬는지 모르겠다고요. 아이 아침이며 간식이며, 보충이며 학원이며 챙길 생각만 했지, 아이가 대학에 가면 뭘 할지 생각을 안 한 것 같다고요. 대학 들어간 아이가 자유롭게 다니자 괜히 허무해지더래요. 그러면서 저보고 애가 고3이 되면 그러지 말라고 하더라고요. 애가 고3이지 엄마가 고3인 게 아니라면서.(웃음) 내내 아이에게 에너지를 쏟다가 나중에 허무해도 아이가 그 마음을 알아주지 않을 거예요. 그러니까 지금부터 에너지를 분산해서, 자신을 위한 일, 좀 더 건강한 다른 일로 에너지를 사용하시면 도움이 될 거예요.

★ ★ ★
3. 너무 바빠요

엄마들이 가장 많이 하는 말, 베스트 3는 "너무 바빠요"예요. 정말 부모, 특히 엄마는 너무 바쁜 것 같아요. 아이가 아기일 때부터 그랬잖아요. 먹여야지, 기저귀 갈아야지, 울면 왜 우는지 알아내야지, 자다 깨면 같이 깨야지, 때에 맞게 예방접종 해야지, 문화센터 등록해야지…… 너무 바빴죠? 그래서 얼른 컸으면 했는데 크니까 안 바쁜가요? 몸은 덜 바빠졌지만 이제 머리를 써야 해서 그런가 여전히 바쁘기만 해요. 학원 알아봐야지, 학교 잘 다니고 있는지 확인해야지, 때마다 사줄 건 너무 많고, 때에 상관없이 돈은 또 왜 이렇게 없는지…… 정신없고 바쁘잖아요. 세상에서 제일 힘들고 바쁜 게 엄마인 것 같은 느낌이 들죠. 저도 그래요. 그러면서 우리가 아주 중요한 걸 잊는 것 같아요. 그래서 더 바쁜 것 같고요. 그게 뭐냐고요? 아이가 인격체라는 사실이요.

아이는 로봇이 아니라 인격체죠

지방 강의를 가는 길에 휴게실이라도 들르면 자주 보게 되는 장면이 있어요. 볼일을 보러 화장실에 들르면 서너 살배기 딸을 데리고 들어오는 엄마를 자주 봐요. 엄마는 빈 칸을 찾아서 아이를 변기에 앉히고 말해요.

"쉬 해."

"안 마려운데."

"시골 가는데 화장실이 여기밖에 없어. 지금 쉬 해야 해."

"안 마려워."

"너 지난번에도 안 마렵다고 그랬다가 차에서 쉬 했잖아. 또 그러지 말고 지금 쉬 해."

그러면 아이는 난처해하며 눠요. 사실 소변을 누는 게 아니라 쥐어짜는 거죠. 그럼 몇 방울이라도 나오잖아요. 그 모습을 보며 엄마가 말하죠.

"봐. 마려웠잖아."

정말 그게 마려웠던 걸까요? 아닐 걸요. 쥐어짰던 거예요. 그럼 아이는 정말 마려운데 마렵지 않다고 한 걸까요? 아니요. 저는 그렇게 생각하지 않아요. 아이는 정말 마렵지 않았을 거예요. 굳이 변기에 이미 앉아서 거짓말할 이유, 없거든요. 그럼 뭐죠? 엄마가 아이의 말을 안 믿은 거죠. 혹은 안 마렵다는 말을 믿지만 지금 꼭 눠야 한다고 생각했던 거죠. 그런데 이 아이, 로봇이 아니잖아요. 우리가 먹으라면 먹고 싸라면 싸는 로봇이 아니라고요.

그리고 아이가 우리의 말대로 꼭 해야 하나요? 그게 꼭 하지 않으면 큰일이 나는 건가요? 사실요, 큰일 안 나요. 우리의 말대로 하지 않는다고 가정이 파괴되지 않죠. 사실 가정을 파괴하는 문제는 어른이 만들죠. 아이가 스스로 만들지 않아요. 그럼 지구의 환경오염이 심해지나요? 아니면 우주의 생명이 위험해지나요? 아니잖아요. 잘 생각해보면 우리가 안 그러면 큰일 난다고 말하는 건 거짓말이에요. 안 그래도 큰일 안 나거든요.

그리고 지난번에 그랬다고 이번에도 그럴까요? 아이가 지난번에 차에서 쉬를 했다고 이번에도 할까요? 그럴 확률, 적지 않나요? 그런데 이상하게 우리는 아이에 대해서만큼은 지난번에 그랬다는 데이터를 자꾸 들이대요. 설령 지난번처럼 차에서 한 번 더 쉬를 한다고 그게 무슨 큰일일까요? 가정이 파괴되거나 지구가 망가지거나 우주가 사라질 일 아니잖아요. 아무 일 없어요. 이

참에 세차 한 번 더 하는 거죠, 뭐.

아이를 인격체로 대해주세요. 우리가 이 정도 애쓰니 네가 이 정도는 해야 한다, 혹은 이 정도로 애써서 투자하니 이 정도는 해 줘야 한다고 하는 보상심리는 사랑이 아니에요. 그런 심리가 자 동으로 떠오를 때가 있는 거 알아요. 우리도 신이 아니고 사람이 니까요. 하지만 우리에게 온 생명이라 품는 거지, 사업을 시작한 거 아니잖아요. 우리 가족의 구성원인 거지, 로봇이 아니잖아요. 이미 알고 있지만 자꾸 잊어버리죠? 그러니 매일 기억하려고 노 력해야 해요.

제가 인상 깊게 들은 이야기가 있어요. 한 아이를 인격체로 대 하는 가정의 일화로 듣게 된 이야기예요. 아이가 생각하는 걸 좋 아했대요. 그것도 책상 밑에 들어가서요. 엄마는 그 아이를 이상 한 아이로 보지 않고 사실 그대로 '책상 밑에서 생각하는 걸 좋아 하는 아이'로 받아들였다고 해요. 그래서 밥 먹으라고 말하러 들 어왔다가 아이가 생각하고 있으면 "다 생각하고 나와서 밥 먹자" 라고 이야기하고 나갔대요. 손님이 오셨으니 나와서 인사하라고 말하려고 들어갔다가도 아이가 생각하고 있으면 "생각 다 하고 나와서 인사해줘"라고 말했고요. 저는 이 이야기가 너무 충격적 이었어요. 저희 가정은 아버지가 "밥 먹자" 하면 뭘 하다가도 무 조건 밥 먹어야 하는 조선시대였거든요. 손님이 오시면 쏜살같이 튀어나가 90도 각도로 인사를 해야 했고요. 인사하고 나면 들리는, 손님들의 이 말이 정말 싫었어요.

"애 잘 키웠네."

아니, 내가 나가서 인사했는데 왜 아버지가 칭찬을 받지? 이런 생각을 했던 것 같아요. 그런데 사실 맞죠. 우리도 아이한테 인사하라고 말할 때 우리가 '인사성 바르게 키운 부모'라는 소리를 듣고 싶잖아요.

제가 상담하는 아이 중에 교회에 다니는 아이가 있는데요, 삶의 불만 중의 하나가 교회에서 하는 인사예요. 교회 어른이 지나가서 분명히 인사를 했는데, 엄마를 만나 집에 가다가 또 그 어른을 만나면 또 인사를 해야 한대요. 어떨 때는 같은 사람에게 열 번도 더 인사한 적도 있대요. 그게 너무 싫대요. 아까 했다고 말하면 엄마가 "원래 또 하는 거야" 한다고, 원래가 어디 있냐고 막 화를 내더라고요. 사실 틀린 말은 아니죠. 인사성이 좋은 아이로 자라는 것도, 우리가 인사성 좋은 아이로 키운 부모가 되는 것도 좋지만, 아이의 인격이 더 중요하지 않나요? 인격이 있어야 예의도 있는 건데, 우린 가끔 예의가 있어야 인격도 있다고 거꾸로 말하고 생각하는 것 같아요. 그리고 배꼽인사보다 책상 밑에서 하는 생각이 더 중요한 거라고 믿어요. 아이는 인격체니까요.

물어보세요

아이가 로봇이 아니고 인격체라면 우리는 아이에게 물어봐야 해요. 저는 태교 강의를 할 때부터 아이는 인격체라는 것을 가르쳐요. 아이가 인격체이니 물어보라고요. 하지만 태교 중에는 아이가 답할 수 없으니 동의라도 구하라고 하죠. "아가야, 책 읽어줄까?" 한다고 대답할 수 없으니, "아가야, 책 읽어줄게"라고 말이라도 하라고요. 왜요? 배 속 아기에게도 인격이 있으니까요. 그런데 우리 아기는 이미 배 속을 탈출해서 나온 지 꽤 오래됐잖아요. 물어봐도 말할 수 있잖아요. 그러니 물으셔야 해요. 질문에 대한 답은 십대가 되기 훨씬 전부터 할 수 있으니까요. 좀 전에 제가 갔던 휴게소 화장실로 다시 가볼게요. 엄마가 딸아이를 데리고 들어와 묻는 거예요.

"별아, 쉬 마려워?"

"아니."

"정말 안 마려워?"

"응."

"알겠어. 그럼 이따가 마려울 때 엄마한테 말해줘."

이렇게 하는 거죠. 이 경우, 물어보긴 했지만 믿을 수 없어서 자꾸 말하면 안 돼요.

"별아, 쉬 마려워?"

"아니."

"정말 안 마려워?"

"응."

"잘 생각해봐. 너 지난번에도 안 마렵다고 하고는 차에서 쉬 했잖아."

"정말 안 마려워."

"네가 네 마음을 모르는 거 아니야? 힘주면 나올 거 같지 않아?"

"……."

"말해보라니까."

"……쉬 할게."

"거봐. 들어가서 쉬 하자."

이 경우 아이는 어떤 느낌을 받을까요? 이건 흡사 질문하는 게 아니라 취조하는 거 같잖아요? 강압 수사에 의해 자백한 경우라고요. 그러니 물었으면 아이의 대답을 믿어주세요. 그러다 차에서 쉬를 하면요? 그건 아까 마려웠는데도 안 마렵다고 한 게 아니라, 그때는 안 마려웠지만 차 안에 있는 지금 마려운 거예요. 그걸 조절하지 못했을 뿐이고요.

십대의 예도 하나 들어볼게요. 학교 갔다 학원 갔다 지쳐 돌아온 아이에게 엄마가 말해요.

"밥 먹을 거지?"

"생각 없어."

"급식 먹고 아무것도 안 먹었을 텐데 왜 생각이 없어?"

"정말 생각 없어."

"공부할 때도 그렇게 생각이 없으니 성적이 그 모양이지. 밥 먹어."

"아, 안 먹는다고!"

이렇게 우리는 불화를 만들죠. 아이가 인격체라는 걸 알아서 의견을 물었지만 그 인격을 믿지는 못했던 거예요. 밥을 다 챙겨 먹었어도 배고플 때가 있고, 밥을 안 먹었어도 안 먹고 싶을 때가 있잖아요. 우리는 밥 먹을 시간마저 정해진 로봇이 아니라 밥이 먹기 싫을 때도 있는 인간이니까요. 그러니 아이에게 인격이 있다고 믿고 물어주세요. 그리고 그 인격체의 답을 신뢰해주세요.

캥거루 부모가 되지 말아요

캥거루 부모라고 들어보셨나요? 캥거루처럼 아이를 자신의 품에 넣고 다니는 부모를 말해요. 아기 때야 어쩔 수 없지만 아이가 성인이 되어서도 본인의 품에 넣어야 안심을 하죠. 아이의 대학교 수강신청을 밤새워 해주기도 하고, 결혼을 해도 모든 걸 알아서 해주기도 해요. 이런 세태를 비판하는 어느 만평에서는 소파에 앉아 있는 신혼부부 옆에 부모님들이 딱 붙어 있는 모습을 그렸더라고요. 아내 옆에는 아내의 부모가, 남편 옆에는 남편의 부모가 앉아 있었어요. 이런 이야기를 들으면 한심하죠? 왜 그러나 싶지 않아요? 그런데 사실 저를 비롯한 부모님들도 별로 다를 바가 없어요. 그게 우리가 바쁘다는 이유 중 하나거든요. 이것도, 저것도 해주느라 바쁘잖아요. 아이가 해달라고 한 게 아니라 해야 하니까, 다들 하니까 해주다가 우리 스스로 지쳐서 너무 바쁘다고 한탄하잖아요. 아이라는 인격체의 선택이 아니라 우리가 가진 정보에 의한 우리의 선택일 때가 많죠. 그러니 우린 지금부터 캥거루 부모가 되지 않으려는 노력을 해야 해요. 우리, 다가올 노후는 좀 즐기고 삽시다. 우리의 삶도 있잖아요. 그러니 노력하자고요. 아이 스스로 선택할 수 있게 기회를 주고 기다려주는 노력 말이에요.

스스로 선택할 수 있게 해주세요

청소년들과 MT를 간 적이 있어요. 달걀을 깜박하고 안 사가지고 가서 한 녀석에게 심부름을 시켰죠. 편의점에서 달걀 한 줄만 사오라고요. 그런데 그 녀석이 그냥 왔어요.

"엥? 달걀 안 사왔어?"

"네."

"왜?"

"편의점에 달걀 한 줄이 없어서요."

편의점에 갔더니 달걀 한 줄이 없었던 거예요. 6개짜리만 있고 10개짜리는 없었던 거죠. 그래서 "그거라도 사오지" 그랬더니, "쌤이 한 줄이라면서요" 그러더라고요. 맞는 말이죠?(웃음) 제가 잘못했어요. 그런데 좀 아쉽죠. 한 줄 사오라고 했어도 6개짜리를 사와서 이거밖에 없는데요, 해도 되는데 말이에요. 어른이 말하는 그대로를 수행하고 살아서 융통성이 없는 아이들을 저는 아주 많이 마주쳐요.

한 녀석은 면접을 봐야 한다며 어디서 사진을 찍어야 좋으냐고 묻더라고요. 그런데 생각해보니 그 녀석이 사진관에서 아르바이트를 했던 적이 있었어요.

"너는 사진관에서 알바 했으면서 뭘 물어. 사진관 가서 찍으면 되지."

"제가 생각해내는 것보다 어른에게 물어보고 답을 들어야 안심이 돼요."

어른의 말을 듣고 행동해야 안심이 된다니, 참 슬프죠. 우리가 아이를 키우는 거지, 수행 비서를 키우는 게 아니니까요. 그런데 한편으론 아이들이 왜 그러는지 이해가 돼요. 아이들에게 자신의 선택이 없었어요. 어렸을 때부터 유치원, 학교, 학원…… 아이들은 그저 가라면 갔죠. 십대 부모들이 모이면 학원 이야기를 많이 하잖아요. 엄마가 어느 학원이 좋다고 들으면 인원이 찰까 봐 얼른 가서 등록을 해요. 아이가 학교에서 돌아오면 말하죠.

"그 **학원 좋다는 거, 너도 들었지? 엄마가 등록했어. 내일부터 다니면 돼."

이런 경우, 아이가 그래요. 자기는 사람이 아니라 로봇인 거 같다고요. 이런 이야기를 들으면 슬프긴 하지만 현실은 어쩔 수 없다고요? 맞아요. 현실이 그렇죠. 하지만 그런 현실 안에서도 우린 노력해야죠. 아이의 주체적인 삶을 위해서요. 그럼 어떻게 해야할까요? 아까 한 이야기 속에 답이 있어요. 물어보세요. 그게 안된다면 동의라도 구해주세요.

"그 **학원 좋다는 거, 너도 들었지? 거기 다니는 거 어때?"

이 질문에 아이가 싫다고 하면 안 보내고, 좋다고 하면 보내면되는데 그것도 어렵죠. 그 학원을 꼭 보내고 싶다는 우리 마음이우세할 테니까요. 그래서 정 포기가 안 되시면 동의라도 구해주세요.

"그 **학원 좋다는 거, 너도 들었지? 거기 엄마가 등록했어. 네의견이 더 중요한 거 아는데 빨리 등록하지 않으면 못 들어갈 수도 있다고 해서. 네가 다니면 정말 도움이 될 것 같으니까 한번다녀보자."

이렇게요. 어디에 몇 시까지 가야 한다는 통보보다는 훨씬 인격적이니까요.

그리고 또 하나! 아이가 스스로 선택할 수 있는 기회를 주세요. 이번에는 옷을 사러 가볼게요. 아이가 학교에 간 사이 쇼핑몰에서 세일을 한다고 사서 가져다주지 마시고요, 아이가 선택하게 해주세요. 쇼핑몰에 같이 가서 아이가 고르게 하면 되는데, 그게 너무 불안하시면요, 아이보다 먼저 가서 세 벌 정도 골라놓으세요. 그리고 그중에서 아이에게 고르라고 하세요. 그런데 여기서도 문제가 생겨요. 우리 마음에는 1, 2, 3위가 정해져 있기 때문이죠. 그런데 아이가 3위를 고르면 1과 2를 들이밀며 "이건 어때? 이게 더 낫지 않아?" 그러는 거예요. 그럼 아이는 엄마의 마음을 대번에 읽고 "그럼 엄마 마음대로 사" 이러죠. 그럼 엄마는 신나서 "그럴까?" 하고 결국 1위 옷을 사고요. 이렇게 하시면 안 돼요. 아이가 3위 옷을 골라도 아이의 선택을 믿어주셔야 해요. "잘 골랐네. 너에게 잘 어울리겠어" 이렇게요.

주의하실 점은요, 선택의 폭을 아이에 맞게 주셔야 한다는 거예요. 저희 딸이 초등학교 6학년이었을 때는 마음에 드는 매장 한 군데에서 고르는 건 하더라고요. 중학교 2학년이 넘어가니까 쇼핑몰을 돌아다니며 고르고요. 그런데 제가 초등학교 6학년 때 "자, 여기 5층짜리 매장에서 골라봐" 하면 당황했을 거예요. 거꾸로 이제 고등학생이 된 딸에게 "딱 이 두 개 중에 하나만 골라" 하며 선택의 폭을 확 줄여도 당황하겠죠. 그러니 아이에게 맞는 선택의 폭을 제시해주시고요, 아이의 결정을 신뢰해주세요.

이때 우리에겐 인내가 필요해요. 아이에 따라 선택하는 데 소요되는 시간이 다 다르거든요. 그러니 마음을 느긋하게 먹고 아이가 선택할 때까지 기다려줘야 해요. 사실 우리 맘대로 하는 게 제일 편하긴 해요. 아기가 어렸을 때 스스로 하도록 기다려줘야 한다는 걸 알아도 잘 안 되잖아요. "엄마랑 키즈카페 가자. 신발은 네가 신어" 했다가도 너무 꾸물거리면 그냥 신겨줘버리잖아요. 아이의 인격을 존중하는 일은 사실 불편한 일이에요. 시간도 많이 걸리고요. 길을 건너야 하는데 신호등이 깜박거리면 한국 엄마들은 아이를 들쳐 업고 뛴대요. 외국 엄마들은 "네 걸음 속도로는 지금 못 건너니까 다음 신호를 기다리자" 하고요. 물론 한국 엄마라고 다 그렇고, 외국 엄마라고 다 이렇진 않겠지만, 우리의 마음을 부끄럽게 만드는 이야기이긴 하죠. 우리가 조금 불편해도, 시간이 조금 더 걸려도, 아이의 인격이 더 중요하니 그렇게 해주세요. 지금부터 급하다고 다 해주다가 캥거루 부모가 되면 어떡해요. 그러긴 싫으시죠? 그렇다면 아이에게 맞는 선택의 폭 안에서 스스로 고르게 하고, 기다려주세요.

아이에게 필요한
다섯 가지

지금까지 상담할 때 부모님들이 가장 많이 하시는 이야기를 살펴봤고요, 이제는 부모님들에게 제가 가장 많이 부탁하는 부분을 말씀드릴게요. 어렵지 않아요. 저는 모르는 걸 가르쳐드리는 사람이 아니라, 잠시 잊은 걸 기억나게 해드리는 사람이거든요. 아이가 인격체라는 것도 우리가 알고 있던 사실인데 잠시 잊었던 것뿐이잖아요. 부탁도 그런 거예요. 그런 것 중에 꼭 말씀드리고 싶은 몇 가지를 적어볼게요.

★ ★ ★
1. 공감해주세요

저희 딸 여섯 살 때 민지(예명)라는 친구가 있었어요. 그 친구의 엄마는 3교대를 하는 직장에 다녀서 아침 일찍 나가야 할 때도 있었어요. 그래서 그런 날에는 저희 집에 민지를 데려다 놓고 출근을 했지요. 잠결에 엄마한테 끌려오다시피 한 민지는 엄마가 출근을 하면 항상 울었어요. 그럼 그 옆에서 저희 딸도 울었죠. 제가 "민지는 엄마가 출근한 게 슬퍼서 우는데 너는 왜 울어?" 그러면 "민지가 슬프면 나도 슬퍼" 하더라고요. 이런 게 바로 공감 아닐까요? 소통을 학문으로 연구하신 분들은 공감을 몇 단계로 설명하시기도 하고, 구체적인 해설도 멋지게 하시던데 저는 현장에만 있어서 그런 건 잘 몰라요. 그저 청소년들이 아프다 하면 나도 아프고, 슬프다 하면 나도 슬픈 게 공감이라고 생각해요. 그걸 여섯 살배기 딸을 통해 알게 되었고요. 유치원 교사인 후배가 해준 이야기가 있어요. 미미라는 아이가 아프면 친구인 바비가 와서 그런대요. 저도 아파요. 우리들은 꾀병인 것 같지만 아이들은 정말 그 마음을 같이 느끼는 것 같다고 하더라고요. 바비가 같이 아파하는 것만으로, 아픈 마음을 공감해주는 것만으로 미미가 행복해하더라면서 이야기했어요.

그렇죠. 내 마음을 알아주기만 해도 행복하죠. 그 행복을 우리

가정에서 해주면 좋겠다는 건, 제가 청소년들을 만나며 절실히 느껴요. 그래서 우리끼리 해주자고 이렇게 말씀드려요. 무엇보다 아이들은 감정을 받아주는 곳이나 사람이 없다고 말하거든요. 감정을 말할 시간도 없지만 말하더라도 받아주지 않으니 말할 수 없다고요. 그런데 사람은 감정을 받아주는 사람이 있어야 살아요. 누군가 한 사람은 내 마음을 알아줘야 살아갈 힘이 나죠. 그러니 우리, 아이의 마음을 공감해주며 살기로 해요.

예를 들어볼게요. 십대인 딸이 학교에 다녀와서 대뜸 말하는 거예요. "엄마! 나 경미랑 싸웠어! 짜증나." 이때 공감을 해주면 되는데 엄마는 그러기는커녕 타박을 했어요. "네가 또 시비 걸었지?" 하면서요. 왜 그랬냐고요? 우린 알거든요. 우리 딸이 나 말고 내 배우자를 닮아서 시비 거는 성격이라는 것을요.(웃음) 그 말에 맘이 상한 딸은 "아, 다 필요 없어" 하고 들어가버리죠. 그럼 엄마는 방문을 두드리며 "나와서 핫도그 먹어" 하는 거예요. 하지만 딸은 그렇게 좋아하는 핫도그를 거부하죠. 왜요? 맘이 상했으니까요.

그럼 어떻게 공감해주면 될까요? 첫 장면으로 돌아가볼게요. "엄마! 나 경미랑 싸웠어! 짜증나." 그러면 엄마는 간식으로 주려던 핫도그를 내밀며 말하는 거예요. "짜증났겠네. 이거 먹어." 그럼 핫도그를 입에 물며 고개를 끄덕이죠. 그러고 나서 물어보는 거예요. "근데 왜 그랬어?" 그럼 딸은 솔직히 이야기해요. "사실 내가 시비 걸었어"라고요. 그럼 그때 "그랬구나. 그럴 수 있지. 그럼 짜증이 가시면 사과하고 다음부터는 시비 걸지 않도록 노력하자"라고요. 그럼 딸은 "그래야겠지?" 하며 핫도그를 먹을 거예요. 마음을 알아줬으니까요. "그랬구나, 그럴 수 있어." 이 부분에서요.

보너스로 부부의 예도 들어볼까요? 아내가 모처럼 앞머리를 잘랐어요. 사실 파마도 하고 싶고 영양도 넣고 싶었는데 명절 때 지출이 너무 많아서 그럴 수 없었어요. 명절 스트레스는 풀고 싶은데 돈은 빠듯하고, 그래서 앞머리만 자른 거죠. 그리고 퇴근하는 길에 남편을 만났어요. 남편에게 말했죠. "여보, 나 앞머리 잘랐다." 남편은 이렇게 대꾸해요. "얼른 밥 먹으러 가자. 배고파." 그래서 밥 먹으러 가긴 했는데 아내의 기분이 좋지 않죠. 그날 남편은 밥을 먹다 반찬을 흘리면 안 돼요. "왜 반찬을 흘려? 애야?" 그럼 남편은 이유를 모르고 "나 원래 반찬 잘 흘리잖아"라고 말하죠. 그 이후의 대화는 안 들어도 아시겠죠? "그게 자랑이야?" "왜 그렇게 말해?" "내가 뭘?" 이렇게 되죠.(웃음) 왜 그럴까요? 남편이 공감을 해주지 않았잖아요. 앞머리 잘랐다는 걸 어떻게 공감해주냐고요? 앞머리 잘랐으니 예뻐졌다고 거짓말할 수는 없는 거 아니냐고요? 맞아요. 그러진 않으셔도 돼요. 사실 그런 표현이 더 기분 나쁘거든요. 그럼 어떻게 하냐고요? 가르쳐드릴게요. 아주 쉬워요. "여보, 나 앞머리 잘랐다." 그러면 "어? 앞머리 잘랐네.

밥 먹으러 가자" 하시는 거예요. 뭐했죠? 앞머리 자른 걸 인정해주고, 앞머리 잘랐다는 말을 공감해줬잖아요. 쉽죠?

자, 그럼 이제 실천합시다. 두 가지 예를 들면서 설명드렸던 공감을 정리해볼게요.

첫째, 상대방이 했던 말을 반복하며 공감표현.(짜증나—짜증났겠네, 앞머리 잘랐어—앞머리 잘랐네)

둘째, 그랬구나, 그럴 수 있어, 나 같아도 그랬겠다 등의 표현으로 공감 표현. 혹 정말 가르치고 싶은 말이나 알려주고 싶은 말이 튀어나오려고 하더라도 공감을 먼저 해주고 나서 표현해주세요. 공감보다 먼저 가르치려 들면 빵빵한 풍선에 바늘 하나를 콕 찌르는 것과 다를 바 없어요. 그럼 빵 터지잖아요. 풍선에 바람이 빠진 후에는 바늘로 찔러도 터지진 않죠. 그런 원리라고 생각해주시면 돼요. 자, 그럼 가정 안에서 공감이 이루어지도록 실천해볼까요?

✹ ✹ ✹
2. 배려해주세요

아르바이트를 하고 월급을 받았다는 아이가 찾아왔어요. 커피를 사주겠다고요. 제가 커피를 좋아하거든요. 저는 신이 나서 따라갔죠.

"쌤, 어떤 커피 드실래요?"

"나는 아아!"

"에이 그건 여기서 젤 싸잖아요. 좀 비싼 거 드세요."

"난 그게 좋은데."

"그래도 제가 처음 사드리는 건데 비싼 걸로 드세요."

"음…… 그럼 네가 사주고 싶은 걸 사와."

그랬더니 녀석은 아주 비싸고 휘핑크림이 듬뿍 얹어진 음료를 사왔더라고요. 아이들과 먹은 치킨의 칼로리도 지구 한 바퀴를 돌아야 겨우 소비가 될 지경인데 또 치킨 한 마리의 칼로리를 쌓는 느낌이었죠. 그래도 고맙다고 먹었어요. 저는 아메리카노만 마시지만 아이의 마음이 고마우니까요. 그럴 거면 다음에 아메리카노 한 잔 더 먹게 돈으로 줘, 라고 할 수는 없잖아요.(웃음) 그래서 그 느끼한 걸 한 방울도 남기지 않고 먹었는데 배려를 받은 느낌은 없더라고요. 고맙지만 제 마음과 다르니까요. 그럼 배려는 뭘까요? 저는 이것도 멋지게 설명은 못하겠어요. 그래서 여전히 야매 상담가로 말씀드리려고요. 제가 고민하고 고민한 결과는 이거였어요.

'상대방의 마음을 다 알 수 없으니 묻자.'

한 아이가 싸웠어요. 저에게 이제 싸우지 않겠다고 약속한 녀석이었죠. 저는 경찰서로 가는 내내 그 아이에게 화가 났어요. 스스로 먼저 약속을 해놓고 또 싸웠으니까요. 아이가 저를 보자마자 "쌤, 진짜 안 싸우려고 했는데요, 쟤가 시비 걸어서 짜증났어요" 하더라고요. 저는 "그래도 싸우지 말았어야지" 하고 싶었지만 공감해주자고 결심했어요. 강의하는 사람이 그러면 안 되잖아요. 그래서 "짜증났으니 그랬겠지"라고 공감해주었어요. 아이의 부푼 감정이 조금 내려가는 게 느껴지더라고요. 큰 싸움은 아니라서 합의가 잘 되었죠. 저는 여전히 마음이 좋지 않았고요. 순댓국이나 먹이고 들여보내자 싶었는데, 그래도 물어봐야 할 것 같았어요.

"밥 먹을 건데 뭐 먹을래?"

"피자요."

경찰서에서 나와 무슨 피자냐고 하고 싶었지만, 경찰서를 나와서 먹는 음식이 정해져 있는 건 또 아니잖아요. 그래서 피자를 먹으러 갔어요. 먹으면서 물었죠. 왜 그랬냐고. 그랬더니 이야기를 하더라고요. 진짜 안 싸우려고 참았는데, 상대 아이가 나중에는 할머니 욕을 하더래요. 이 아이는 할머니랑 살고 있었거든요. 할머니가 엄마이자 아빠이자 전부인데, 할머니 욕을 하니 참을 수가 없었던 거죠. 아이의 이야기를 들으니 이해가 되더라고요. 우선 "나 같아도 그랬겠네" 하고 공감을 해주고는 물었어요.

"그런데 네가 싸우면 쌤이 엄청 속상해. 그런데 쌤보다 더 속상한 사람은 누굴까?"

"할머니요."

"할머니는 네가 싸워서 또 경찰서에 가는 것보다 자신이 욕먹는 게 낫다고 생각하실 거야."

아이의 눈물이 테이블 위에 뚝뚝 떨어졌어요. 그리고 그 아이는 그 이후로 싸우지 않았어요. 사실 저는 해장국이나 순댓국을 먹으려고 했어요. 그게 경찰서에서 나와 먹는 음식이라고 생각했거든요. 그 정도 사주면 아이를 배려하는 거라고 생각했죠. 그런데 아이는 아니었던 거예요. 아이에게 식사에 대한 배려는 피자였던 거죠. 그러니 물어보세요. 아메리카노를 먹고 싶었는데 아이가 바닐라라떼를 사오면 배려 받지 못한 느낌이 드는 것처럼, 햄버거를 사주고 싶을 때도 아이는 순댓국이 먹고 싶을 수 있으니까요.

✦ ✦ ✦

3. 사랑해주세요

이 말은 좀 웃기죠? 내 자식이니 당연히 사랑하는 걸 굳이 책에다 사랑해주라고 썼으니까요. 맞아요. 저도 이 당연한 이야기를 종이 버려가며 넣고 싶지 않았어요. 그런데 아이들을 만나다보면 이런 부탁을 어른들에게 하게 돼요.

저는 가끔 소년 재판에 가요. 품고 있는 아이들 중에 재판받는 경우가 있어서요. 거기 가면 정말 가슴 아픈 일이 많은데, 꼭 제 아이가 아니더라도 거기 온 아이들을 보면 미안해요. 사회와 어른의 잘못으로 그 아이들이 대신 잡혀 있는 것 같기 때문이에요. 소년 재판에 가면 보호자와 아이가 같이 앉아요. 판사님이 보호자의 태도도 관찰하시고, 보호자에게도 질문을 하죠. 그럼 보호자는 최대한 겸손하게 반성하는 모습으로 대답을 해요. 아이도 그렇고요. 그런데 이상한 어머니를 보게 된 날이 있었어요. 아이의 보호자로 왔는데 태도가 엉망이었죠. 판사님이 물었어요.

"아이가 왜 이렇게 된 거 같아요?"

"아, 몰라요. 그걸 제가 어떻게 압니까?"

대답도 이런 식이었죠. 앉아 있는 자세도 거만했고요. 뒤에 앉아 있던 전 너무 걱정이 되었어요. 보호자의 자세도 중요한데, 아이가 더 불리한 판결을 받게 될 것 같았거든요. 판사님은 그 어머니에게 몇 번 질문을 하고는 한숨을 쉬고 아이에게 말했어요.

"자, 김**! 엄마 옆에 무릎 꿇어!"

아이는 눈치를 보며 자리에서 일어나 엄마 옆에 무릎을 꿇고 앉았어요. 판사님이 말했죠.

"자, 이제 엄마한테 사랑한다고 열 번 말해!"

아이는 입술을 떼었다가 붙였다가 하며 망설였죠. 판사님은 왜 안 하냐고 물었어요. 아이는 못하겠다고, 한 번도 해본 적이 없다고 했죠. 판사님은 한 번도 안 해봤어도 해야 하는 거라고 했어요. 사랑한다는 말이 아이에겐 어떤 심한 욕을 하는 것보다 어려워 보였어요. 계속 망설이는 아이에게 판사님이 말씀하셨죠.

"김**, 잘 들어. 사랑한다고 열 번 말하면 너 소년원으로 안 가고 쉼터로 갈 수 있어. 쉼터에 가면 친구들하고 지내며 학교도 다니고 할 수 있어. 그런데 소년원에 가고 싶어?"

"아니요."

"그럼 해!"

아이는 고개를 끄덕였어요. 그러고도 한참을 망설였지요. 그러자 판사님은 한 번 더 큰 소리로 말씀하셨어요.

"계속 이러고 있을 수가 없어! 지금 해!"

아이는 겨우 입을 열었어요.

"사랑합니다."

엄마는 미동도 하지 않았어요. 마치 얼음공주처럼 느껴졌죠. 그런데 아이가 다섯 번 "사랑합니다"를 말했을 때 엄마의 등에서 얼음이 녹았어요. 엄마는 흐느끼기 시작했죠.

"미안해. 네가 이렇게 될 줄은 나도 몰랐단 말이야."

"아니에요. 엄마 잘못 아니에요……. 사랑합니다."

아이는 겨우 열 번의 사랑 고백을 마쳤어요. 그리고 둘은 아무도 시키지 않았는데 부둥켜안고 울었죠. 다음 재판이 대기 중이라 밖으로 나가야 했어요. 그들은 계속 울면서 나갔죠. 냉랭하게 떨어져 들어왔던 둘은 손을 꼭 잡고 있었어요.

그 장면을 본 이후로 전 부모와 아이가 함께하는 강의에 가면 꼭 마지막에 사랑 고백을 시켜요.

"자, 이제 옆에 있는 엄마 혹은 아빠, 할머니, 삼촌…… 누구든 너희의 보호자로 오신 분을 바라봐. 보호자분도 아이를 보시고 요. 서로 사랑한다고 다섯 번 말하고 마치겠습니다."

그럼 꼭 한 아이가 안 해요. 무대 위에 있으면 다 보이거든요. 그럼 제가 마이크를 들고 내려가서 그 아이에게 말해요.

"사랑한다고 다섯 번만 해."

"아, 짜증나."

"짜증나지? 나도. 나도 네가 안 하니까 짜증나. 마치고 가고 싶 은데 못 가잖아."

"그럼 그냥 가요."

"안 돼. 난 이것까지 해야 해. 여기까지가 내 강의에 포함되는 거거든."

"아이씨……."

"짜증나겠지만 네가 해야 모두 갈 수 있어. 나 고집 세서 네가 안 하면 안 갈 거야."

이러면 아이는 어쩔 수 없이 옆의 보호자를 봐요. 보호자도 아 이를 보죠. 그럼 다음 단계로 아이가 사랑한다는 말 다섯 번을 하고 돌아갔을까요? 아니요, 가지 못해요. 둘이 서로를 보고 울어서요. 우리는 왜 그럴까요? 한집에 같이 있다가 나온 사람들인데 무엇 때문에 사랑한다는 말이 그렇게 어려울까요? 사랑할 시간이 참 많은데 왜 사랑하지 않고, 사랑하지 못함을 후회할까요? 저는 이럴 때마다 너무 가슴이 아파요. 그래서 사랑하자고 부탁드려요. 물론 여러분이 아이의 등록금을 내고, 준비물을 사주고, 교복을 맞춰주고, 간식을 준비해주고 하는 게 다 사랑인 거 알아요. 사랑하지 않으면 왜 하겠어요. 하지만 행동과 함께 표현할 수 있어야 더 사랑인 것 같아요. 사랑한다는 말은 힘이 있어서, 그 힘만으로도 다시 일어설 수 있게 해요. 그 힘은 마음에 쌓여서, 우리가 힘들 때 꺼내 사용할 수도 있죠.

사랑한다고 말해주세요. 보기만 해도 귀여워서 볼을 꼬집으며 "사랑해"라고 말했던 그 꼬마가 지금 그 잔소리 유발자가 맞잖아요. 기저귀 갈아줄 때 엉덩이 톡톡 두드리며 우리도 모르게 사랑한다는 말이 나오게 했던 아이가 지금 밥만 잘 먹는 그 아이 맞잖아요. 그사이 아이가 바뀐 건 아니잖아요? 그러니 그때처럼 사랑한다고 자연스럽게 많이 표현해주세요.

★ ★ ★
4. 너무 미안해하지 마세요

한배 속에서 나온 두 아이가 너무 달라 가끔 둘을 섞어서 딱 반으로 나누면 좋겠다는 말, 부모님들이 많이 하시잖아요? 저는 저를 만나러 오시는 부모님들을 섞어서 반으로 나누면 좋겠어요. 너무 끝과 끝의 부모님들을 만나는 것 같아서요. 중간이면 참 좋을 텐데 중간이 그렇게나 어렵네요. 아이를 자신의 소유라고 생각하고 강요하는 분들에게는 "신이 부모님께 아이를 잠시 맡기신 거지, 아이는 부모님의 것이 아니에요"라고 말씀드리곤 해요. 우리도 그 생각을 가지고 있으면 도움이 될 거예요. 우선 그 생각을 기본으로 깔아두자고요. 너무 자존감 낮게 자신이 못난 부모라고, 만족시켜주지도 못한다고, 더 좋은 부모를 만났어야 했다고 자책하는 부모님들께는 너무 미안해하지 마시라고 말씀드리고 싶어요. 사실 내 자식을 조금이라도 행복하게 해주고 싶어서 이 책을 보고 계시는 거잖아요. 조금 더 잘하고 싶어서……. 그 자체로도 여러분들은 최선을 다하고 있는 좋은 부모예요. 제 경험상 "좋은 부모가 되고 싶어요"라고 말씀하시는 분들은 이미 좋은 부모였어요. 진짜 나쁜 분들은 왜 좋은 부모가 되어야 하는지도 모르거든요.

저는 더 좋은 부모란 없다고 생각해요. 신이 아이에게 딱 맞는 좋은 부모를 주셨다고 생각해요. 물론 우리도 사람이라 실수도 하고, 목적이 되면 안 되는 것이 목적이 되어 아이를 괴롭히기도 하지만, 신이 아이에게 딱 맞는 부모를 주셨을 거라고 믿어요. 부모가 바뀌어야 한다고, 신이 실수했다고 믿으면 우선 제가 너무 마음이 아플 것 같기도 하고요. 해결책이 전혀 없잖아요. 부모를 바꿀 수는 없으니까요. '신이 잘 알아서 배치해주었을 텐데 왜 이렇게 되었지'를 고민하면 그래도 다음 해결책이 보이거든요. 그러니 이미 좋은 부모라고 생각해요. 미안함도 좋은 사람이니까 갖게 되는 거죠. 그런데 그 미안함이 오류인 경우도 있어요. 지금부터는 그걸 말씀드릴게요.

먼저, 바로 만족시켜주지 못해 미안하다는 말씀을 많이 하시는데요. 바로 만족시켜주지 못하는 건 잘하는 거지, 미안한 게 아니에요. 제가 청소년들을 처음 만날 때만 해도 우리가 결손가정이라고 부르는 어려운 가정의 아이들이 탈선을 하는 경우가 많았어요. 제 경험상 통계라 정확한 데이터는 아니지만요. 그런데 요즘은 정말 바로 만족하며 자랐던 부유한 가정의 아이들도 많아요. '만족 지연'이 되지 않는 거죠. 우리는 쇼윈도 안의 옷이 마음에 들어도 돈이 없으면 못 산다는 걸 알잖아요. 돈을 모아서 사야겠다는 생각도 하고요. 근데 만족 지연이 안 되면 그걸 참기 힘들어해요. 손님 맞을 준비를 하느라 사과를 깎던 중 너무 먹고 싶어서 한 조각을 입에 물 때가 있죠? 만족 지연이 안 되는 경우인데요, 이런 거야 애교로 넘어갈 수 있어요. 하지만 갖고 싶다고 남의 물건을 훔치거나 하면 안 되잖아요. 그런데 바로바로 만족을 했던 아이는 나중에 만족 지연이 어려워지는 거예요. 그게 범죄로 이어지기도 하고요.

제가 상담하던 아이가 있었어요. 이 아이는 정말 부유하게 자랐어요. 그런데 아버지의 사업이 어려워져서 갑자기 아주 작은 집으로 옮기게 됐죠. 저희 집에 비하면 그 집도 넓은 거였는데, 그 아이가 느끼기엔 거지가 된 기분이었대요. 그 아이는 어머니와 아버지가 공동육아를 했어요. 워낙 돈이 많았던 데다가 할아버지가 너무 바빠 아버지가 부친의 정을 못 느끼고 자랐대요. 그게 한이 되어서 자신의 아들과는 시간을 많이 보낸다고 일을 쉬고 공동육아를 한 거죠. 아이를 키우면서 아이가 갖고 싶어 하는 물건이 있으면 바로바로 사줬다고 해요. 예를 들어 놀이터에서 아이가 자전거를 쳐다만 봐도 자전거를 사러 갔고요, 옆의 아이가 로봇을 가지고 노는 모습을 보기만 해도 가서 똑같은 걸 사줬대요. 그런데 사업이 어려워져 그럴 수 없어졌잖아요. 노트북을 보는데 노트북을 안 사주는 거예요. 친구의 가방을 쳐다보는데 가방을 못 사주는 거죠. 그러니 아이는 분노가 치밀기 시작했어요. 만족 지연이 될 리 없고요. 만족을 지연시켜야 할 상황이 되면 그저 참을 수 없는 분노가 치밀어 오르는 거죠. 가족에게 욕을 하고 물건을 집어던지기 시작했어요.

이런 사례는 여러분이 들으면 놀라실 정도로 아주 많아요. 저는 그래서 만족 지연을 할 수 있는 상황이 더 좋다고 생각해요. 만약 사고 싶은 가전제품이 있다고 해봐요. 이걸 바로 사는 것도 물론 좋겠지만, 적금 타서 사는 기쁨, 적금 탈 때까지 기다리는 기쁨도 크잖아요. 물론 모든 것이 만족 지연이 되는 삶도 좋지는 않지만요. 그러니 꼭 사줘야 하는 것이면 아이가 인내할 수 있는 만큼만 지연을 시켜주세요.

"3년 후 크리스마스에 사줄게."

이러면 너무 무섭고요.

"이번 생일에 사러 가자."

이 정도 지연은 바로 만족시켜주는 것보다 훨씬 기쁨을 증가시켜줘요. 만족 지연이 안 돼서 문제가 생기는 아이들은 일부러 이렇게 연습을 시킨답니다. 참는 연습이죠. 인내는 참 좋은 성품이에요. 그걸 삶에서 익힐 수 있는 것이니 더욱 좋지 않겠어요? 그러니 바로 만족시켜주지 못한다고 미안해하지는 않으셔도 돼요.

두 번째, 더 좋은 부모를 만났으면 좋았을 텐데 자신을 만나서 아이에게 미안하다는 말씀도 오류예요. 무엇보다 아이가 원하지 않아요. 오히려 아이에게 화가 나서 찾아오는 부모님들은 내 자식이지만 바꾸고 싶다는 말씀까지 하시거든요. 그런데 아이들은 아니에요. 아이들은 지금 엄마 때문에 너무 속상해도 바꾸고 싶다는 말은 안 해요. 제가 부모님에게 "그런 상황이면 아이를 바꾸고 싶으시겠어요?" 하고 물으면 "아유, 그러게 말이에요" 하시거든요. 물론 진심은 아니죠. 그냥 하는 말씀인 건 알아요. 그런데 아이들은 그것도 잘 안 해요. 제가 아이에게 "그럼 부모님을 바꿀까?" 하면 "어떻게 그래요. 그래도 우리 아빠데요" 이래요. 아이들은 지금 서운하지만 그래도 내 부모, 우리 엄마, 우리 아빠라는 걸 알아요. 그리고 사랑해요. 지금 서운할 뿐이지, 사랑하지 않는 건 아니에요. 그러니 그런 말씀이나 생각은 자신만 해칠 뿐이니 하지 마세요.

아이의 자존감이 높았으면 좋겠다고 말씀하시잖아요. 그럼 먼저 부모님 자신의 자존감을 높이셔야 해요. 제가 만나는 아이 중에 너무 예쁜 아이가 있어요. 누가 봐도 외모가 예쁜데 아이는 자신의 얼굴이 너무 싫대요. 얼굴도 까맣고, 턱도 길고 그렇다고요. 아니라고 해도 믿지를 않더라고요. 도무지 왜 그런지 몰랐는데 그 아이의 엄마를 만나고 나서 알았어요.

"어머니, 달이(예명)가 왜 그렇게 예쁜가 했더니 어머니 닮은 거였군요." 제가 이렇게 말씀드렸더니 어머니가 그러시더라고요. "아유, 턱도 길고 얼굴도 까맣고 별로예요" 라고요.

아이의 자존감이 높기를 원하시면 부모님 먼저 자신의 모습을 사랑해주세요. 우리 주름이 왜요? 일부러 시술한 것도 아닌데 너무 자연스럽게 만들어지지 않았나요? 새치가 왜요? 그 덕분에 염색도 경험해볼 수 있고 좋죠, 뭐. 키도 줄어드는 거 같다고요? 그냥 느낌이에요. 우리 키 원래 그래요. 눈썹이요? 원래 없었지, 나이 들어서 없어진 거 아니잖아요. 뱃살이요? 우리가 먹은 칼로리를 어디 안 버리고 고이 품고 있는 건데요, 왜요?(웃음) 문제없잖아요. 그 모습 그대로 예쁘세요. 멋지세요. 그러니 아이에게 더 좋은 부모가 있을 거라는 말도 안 되는 생각은 오늘 먹을 야식과 함께 삼켜버립시다.

세 번째, 더 잘하고 싶은데 안 돼서 미안하다고요? 그럼 더 잘하려고 노력하면 되죠. 그래도 안 되면 그게 최선인 거고요. 우린 최선을 다 하며 사는 거예요. 그리고 그건 진짜 미안해하지 않으셔도 돼요. 자녀도 그래요. 서로 마찬가지예요. 뭐가 마찬가지냐고요? 공부 진짜 잘하고 싶은데 안 되는 거거든요. 그래서 미안해해요. 잘하고 싶지 않은 사람은 없어요. 잘하고 싶은데 안 되는 것일 뿐이죠. 이상하게 우리는 공부만큼은 열심히 하면 된다고 하는데요, 노력해도 안 되는 게 있지 않나요? 오히려 공부만큼은 정말 재능의 영역이구나 싶지 않나요? 저 고등학교 다닐 때요, 매일 밤새 아르바이트하는 친구가 전교 10등 안에 들었어요. 매일 고액 과외 한다는 부잣집 딸은 반에서 20등 안에도 못 들었고요.

그리고 살면서 공부 못하고 싶은 사람 보셨어요? 없어요. 잘하고 싶은데 안 된대요. 그래서 너무 속상하대요. 그러니 우리가 잘하지 못하는 건 아이와 마찬가지다, 동병상련이니 서로 잘 품고 살자고 생각하시면 돼요. 서로 미안하니 그것도 그렇게 퉁 치시고요.

이제 덜 미안해하시고요, 더 고마워하세요. 이렇게 부족한 우리에게 자녀로 와준 그 빛나는 별들에게 고맙잖아요, 사실.

✸ ✸ ✸

5. 자신의 이름으로 먼저 행복해지세요

저희 엄마는 새벽시장에서 장사를 하셨어요. 남대문시장에 있는 아동복 상가 26호. 가게 이름은 '선화'였어요. 딸을 사랑해서 가게 이름까지 딸의 이름으로 한 엄마는 '선화 엄마'도 아니고 '선화'로 살아갔죠. 상인들은 보통 가게 이름으로 호칭을 삼거든요. 엄마 가게에 놀러 가면 "선화야! 점심 뭐 할래?"라고 사람들이 물었어요. 제가 쳐다보면 "너 말고 네 엄마한테 물어본 거야" 하셨죠. 우리 엄마의 이름은 '박인숙'이었는데 엄마는 죽을 때까지 '선화'로 살다 가셨어요. 그게 어느 순간 너무 슬프더라고요. 나는 육아할 때 누구 엄마로 불리는 것도 나를 잃은 것 같았는데 엄마는 누구 엄마가 아니라 누구였잖아요.

엄마 가게에 놀러 가면 엄마는 커피우유를 사주셨어요. 삼각형 모양의 비닐에 담긴 커피우유 있잖아요? 제가 그걸 좋아했거든요. 엄마는 그걸 사주고는 제가 먹는 모습을 보며 웃었어요. 그렇게 맛있냐며. 그래서 저는 지금도 엄마가 떠오르면 그 커피우유를 마셔요. 한데 저는 엄마가 좋아하는 음료수가 뭔지 모르더라고요. 엄마는 항상 내가 좋아하는 걸 사주고 내가 기뻐하는 모습을 보며 행복했는데, 엄마는 정작 자신이 좋아하는 음료수가 뭔지는 알았을까? 이 질문이 떠오르자 눈물이 나더라고요.

아이를 행복하게 해주고 싶은 여러분의 마음은 익히 알아요. 그런데요, 아이는 정말 자신이 행복해하는 모습을 보며 기뻐하는 부모만 보고 싶은 걸까요? 엄마는 무얼 좋아하는지, 아빠는 무얼 할 때 행복해하는지도 알고 싶지 않을까요? 우리 엄마가 '선화'가 아닌 '인숙'으로 자신의 삶을 살다 갔다면 더 좋았을 것 같아요.

여러분은 누군가의 엄마, 아빠시겠죠. 그러니 지금도 더 좋은 엄마, 아빠가 되기 위해 이 책을 보고 계실 거예요. 그런데요, 당신의 꽃 같은 이름은 무엇인가요? 당신이 좋아하는 음료수는요? 당신이 좋아하는 일은요? 아이라는 꽃을 피우기 전에 여러분도 그 옆에 피어나는 꽃이었으면 좋겠어요. 엄마도 엄마가 필요한 건 누군가의 자녀이기 때문이겠죠. 아빠도 아빠의 어깨에 기대고 싶은 날이 있는 건 누군가의 아이이기 때문일 거예요. 그러니 누군가의 부모이기에 앞서 자신의 이름으로 먼저 행복해지세요. 자녀들이 그렇게 진짜 행복을 보고 자랄 수 있게, 자연스럽게 그 행복에 전염될 수 있도록 말이에요. 꼭 먼저 행복하시길 바라요. 부모가 행복하면 아이도 행복하답니다.

2

사춘기라
이러는 걸까요?

Q 이성에 대한 관심이 지나쳐요. 아들이 사춘기니까 당연한 거겠지, 생각은 하면서도 관심이 너무 깊어지니 걱정이 됩니다.

A 그 '너무' 말이에요. 그게 정말 객관적인 '너무'일까요? 왜 이런 질문을 드리느냐 하면요, 어머니에게는 너무해 보일 수 있지만, 아이에게는 그저 정상적인 수준의 관심일 수 있거든요. 청소년들을 많이 만나는 저에게는 너무한 수준이 아닌데, 그저 자신의 아이들만 경험한 부모님들은 너무라고 걱정하며 찾아오시는 경우가 많아요. 어쩌면 아드님도 친구들과 비슷한 정도이거나

친구들보다 '조금' 더한 수준일지도 모르거든요. 물론 정말 병적이거나 진짜 심각한 수준이면 치료 받아야죠. 하지만 그렇지 않을 가능성이 크다고 말씀드리고 싶어요.

저는 어머니의 질문이 아이가 참 건강하다는 증거 같아서 기분이 좋아졌어요. 이성에 관심을 갖는 걸 엄마가 안다는 건 아이가 건강하게 잘 자라고 있다는 이야기거든요. 보통 남자아이들은 엄마에게 숨기는 경우가 많아요. 괜히 말했다가 혼날까 봐 말 못하고 숨기는 거죠. 그 어디에도 말하지 못해서 스스로가 이성에 대한 관심이 이상한 거라고 생각하고 그 마음을 꽁꽁 숨겨두는 아이들도 많답니다. 그러니까 아이가 엄마에게 그런 관심을 말할 수 있다는 것, 엄마가 아들의 관심사가 어디에 있는지 안다는 것만 봐도 건강한 가정이라는 걸 알 수 있는 거예요. 엄마가 받아줄 거니까, 우리 엄마는 이런 이야기로도 대화가 되니까 아이가 말하는 거거든요. 그런데 엄마가 놀라며 무슨 그런 이야기를 하냐고 하거나, 너무 관심이 지나치다고 하면 아이는 다시 숨을 수밖에 없어요. 그러니 함께 이야기해주세요. 자연스럽게 대화하다가 조금 심한 것 같으면, "엄마는 그런 이야기는 좀 심한 것 같은데 네 말을 듣고 보니 그렇게 생각할 수도 있겠네"라고 솔직하게 말씀해주셔도 돼요. 조금 의아한 것이 있으면 "엄마는 여자라서 남자들이 어떤 생각과 관심을 갖는지 잘 몰랐는데 우리 아들 덕분에 이런 것도 알게 되네"라고 말씀해주셔도 되고요. 그리고 그 관심이 이상한 것이 아니라고 알려주세요. 너무 당연한 일이라고요. 어머니도 멋진 남자 연예인 이야기나 남편과 연애할 때 설렜던 경험을 이야기해주셔도 좋고요. 그렇게 편하게 대화할 수 있으면 환기가 돼요. 이야기할 수 없으면 마음속에서 증폭이 되어서 정말 '너무' 심해질 수 있거든요. 반대로 터놓고 이야기할 수 있으면 오히려 한쪽으로 쏠린 관심이 조금 느슨해지죠. 빵빵하게 부풀어 오른 풍선을 꽉 묶으면 그대로 한참 동안 있잖아요. 그런데 입구를 살짝 열어두면 공기가 빠져나가죠. 그런 거예요. 그러니까 관심이 빠져나갈 수 있도록 편하게 같이 대화를 나눠보세요.

Q 성(性)에 대한 질문에 뭐라고 답하나요?

A 가능한 한 솔직하게 대답해주세요. 부모님 스스로 이건 이상하고 감춰야 하는 거라고 생각하지 마시고 건강하고 솔직하게 설명해주시는 게 좋아요. 그걸 물어본다는 것 자체가 엄마와 건강한 관계를 형성하고 있다는 증거이니, 감사한 마음으로 아이의 눈높이에 맞춰 설명해주시면 돼요. 아이가 성에 대한 질문을 한

다는 사실만으로도 놀라시는 분들이 계신데요, 그건 우리의 편견일 뿐이에요. 아이는 순수한 궁금증일 경우가 많거든요. 그런데 우리는 너무 다 알잖아요. 아기가 어떻게 생기는지 다 경험했잖아요. 그러니까 야한 질문이 아닌데 야하게 생각될 때가 있는 거지, 아이는 사실 잘 모르고 정말 궁금해서 물어보는 경우가 대부분이에요.

제가 아이들을 만나면 자주 들려주는 옛날이야기가 있어요. 한 사냥꾼 이야기인데요, 그는 강 건너 산에서 곰을 사냥하면서 사는 사람이에요. 그런데 어느 날, 곰이 잡히지 않아 집에 가려고 돌아서는데 집채만 한 곰이 눈앞에 있는 거예요. 그 곰은 두려움에 떨고 있는 사냥꾼을 잡아다가 자신이 사는 동굴로 데려가요. 다음 날 날이 밝자, 곰은 동굴 문을 닫아두고 먹이를 잡으러 갔어요. 오후가 되어 돌아온 곰은 동굴의 문을 열고 들어가 사냥꾼에게 먹이를 나눠주었어요. 그렇게 매일매일을 살다가 어느 날 곰이 아기를 낳았어요. 곰은 사냥꾼을 사랑했고 둘 사이에서 아기가 태어난 거예요.

여기까지 이야기를 해주면 아이들은 "와! 사냥꾼하고 곰하고 결혼했어요?" 혹은 "아기 예쁘겠다"라고 말해요. 하지만 같은 이야기를 부모들 모임에서 들려주면 반응이 완전 다르죠. "어머! 그 아기는 곰이야, 사람이야?" "어머! 어떻게 잔 거야?"라며 놀라세요. 왜 그럴까요? 우리는 다 아니까요. 손만 잡고 자서는 아기가 안 태어난다는 걸 아니까 오만 가지 생각을 다 하는 거예요. 그래서 곰이냐 사람이냐, 반은 곰이고 반은 사람이냐 등 별 질문이 다 나와요. 그런 거예요. 성에 대해 잘 아는 우리는 그에 관한 질문을 받으면 끝까지 상상하게 되죠. 하지만 아이는 질문한 내용 그 자체만 궁금한 것일 수도 있어요. 그러니 우리의 방식대로 생각하지 말고 아이의 눈높이에서 대답해주시면 돼요.

간혹 아이가 그런 궁금증을 키우다가 탈선을 하면 어쩌나 걱정하시는 분들도 있어요. 혹은 아이가 이미 탈선해서 그런 궁금증이 생긴 건 아닌가 걱정하시기도 하죠. 그런데요, 아이가 탈선해서 그런 궁금증이 생기는 경우보다 궁금증을 솔직하게 나눌 수 있는 사람이나 가정이 없어서 탈선하는 경우가 더 많아요. 솔직하게 이야기하고 나눌 수 있는 가정이 있다면 탈선할 가능성은 당연히 줄어듭니다. 그러니 걱정은 내려놓으시고 편하게 대화를 나누셔도 된답니다.

Q 평소에 연락이 잘 안 돼요. 딸이 언젠가부터 전화는 받지도 않고 문자 열 통을 보내면 겨우 한 통 답을 해요. 무슨 일이 있었던 것도 아닌데 왜 그럴까요?

답답하시죠. 그러실 거예요. 아무 이유도 없이 그러니까요. 그런데요, 아이 마음엔 뭔가 이유가 있을 수도 있어요. 아무 일도 없었지만, 아이 마음에는 무슨 일이 있었을 수도 있고요. 내 아이라고 마음을 다 알 수는 없으니까요.

얼마 전에 한 어머님이 아이가 대답을 잘 안 한다고 고민을 보내주셨어요. 사이가 나빠질 일도 없었는데 왜 그렇게 행동하는지 모르겠다고요. 이번엔 아이를 만나 물었어요. 왜 대답을 안 하냐고요. 그랬더니 대답해도 안 믿어줘서 그런다고 하더라고요. "학원 갈 준비했어?" 그래서 "네" 하면, "준비는 무슨 준비를 해. 게임하고 있으면서!" 그런다고요. 자기 딴에는 준비 다하고 게임하는 건데 그런 반응을 보이니 짜증이 난대요. 어차피 말해도 안 믿고, 안 믿는 마음이 담긴 말을 들으면 기분이 나쁘니까 아예 대답을 안 하는 거라고 하더라고요. 그래서 어머님께 아이의 마음을 전달해드리고 아이를 믿어주시라고 부탁드렸어요.

따님도 우리가 알지 못하는 무슨 이유가 있을 거예요. 그러니 화는 내지 마시고 솔직하게 물어봐주세요. 전화를 안 받으니 걱정이 돼서 그러는데 왜 그러냐고요. 그것마저도 말을 안 한다면 자신의 생각 속에 조금 더 머물고 싶은 거니까 전화를 받았으면 좋겠다는 의사만 전달하세요. 답답하시더라도 기다려주실 수밖에 없어요. 이유를 말했을 때, 예를 든 아이처럼 이유가 있고, 그 이유가 부모님의 말이나 행동을 수정해야 하는 거라면 그렇게 노력해주시고요. "그냥"이라고 말해도 그냥 믿어주세요. 이유가 없는 게 이유일 때도 있잖아요.

사춘기가 되면서 그런 성향이 생긴 것일 수도 있어요. 제가 아이들에게 연락을 하다보면 어떤 아이는 바로 답을 하고요, 어떤 아이는 3일 후에 답을 하기도 해요. 3일 후에 답하는 아이는 저랑 사이가 나쁜 게 아니고요, 그 아이는 그냥 그런 성향인 거예요. 핸드폰을 자주 확인하지 않고 정말 시간 날 때만 보고, 볼 때 답을 하는 거죠.

물론 사춘기 때 생긴 반항심일 수도 있어요. 그냥 부모님 말은 무조건 듣기 싫고 반항하고 싶은 마음이 우리 사춘기 때도 있었잖아요. 그래도 우리는 책값을 슬쩍 올려서 말하고, 학원 간다고 하고 오락실에 가며 놀았잖아요. 그런데 요즘 아이들은 그걸 못해요. 스쿨뱅킹이 있으니 책값을 꿀꺽하지 못하잖아요. 사실 아이들 입장에서 보면 스쿨뱅킹은 정말 망해야 할 시스템이에요. 학원도 컴퓨터가 등하고 알림을 다 해주니 몰래 빠지는 건 상상도 못하죠. 어른들은 종종 아이들의 스마트폰을 없애고 싶다고 말씀하시지만, 사실 아이들도 가끔은 없애고 싶대요. 어딜 가나 카톡이 오고 전화가 오니 감시받는 기분이 든다나요. 한창 자유롭고 싶은 시기에 그러니 '읽씹'도 해보고 '안읽씹'도 해봐야 숨통이라도 좀 트이죠. 읽씹과 안읽씹이 뭐냐고요? 읽씹은 카톡이나 문자를 읽고 씹는다는 뜻이에요. 읽고 답을 하지 않는 거죠. 안읽씹은 안 읽고 씹는 건데요. 안 읽은 척을 하는 거예요. 비행기모드로 하고 읽거나 미리보기로만 읽으면 문자 옆에 1이 여전히 떠 있으니 상대방은 아직 안 읽었다고 생각하게 되니까요. 이걸 아셨다고 아이들한테 안읽씹 한 거냐며 따지시면 안 돼요. 아이들은 이거라도 하며 숨을 쉬는 거라니까요. 이렇게라도 못 하면 숨 막혀서 안 돼요. 그러니 청소년기 때 그냥 안읽씹 하며 반항심을 조금이라도 해소할 수 있도록 그대로 놔둬주세요. 너무 긁으면 부스럼이 된답니다. 그 시기만 지나면 안 그럴 확률도 많고요. 물론 지금은 답답하시겠지만, 아시죠? 남을 바꾸는 것보단 내 마음을 바꾸는 게 더 쉽다는 걸요. 남을 바꾸는 건 이 사회 전체를 바꾸는 것보다 더 어려울지도 몰라요. 사춘기는 지나갑니다. 안 지나갈까 봐 두려운 마음이 생기긴 해도 진짜 안 지나가지는 않잖아요.

Q 무슨 말을 해도 듣지 않아요. 어렸을 때는 말을 잘 듣는 아이였는데요, 이제는 좀 컸다고 말을 안 듣네요. 사춘기라서 그럴까요?

한 아이가 저에게 이런 말을 했어요. 자신이 로봇 같다고요. 엄마가 가라면 가고, 먹으라면 먹고, 자라면 자고 하다보니 어느 날 문득 자신이 로봇 같더래요. 그럼 그 아이는 정말 로봇일까요? 아니죠. 아이는 인격을 가진 사람이죠. 저도 가끔 "엄마 말 안 들을래?"라고 말하게 돼요. 하지만 말하고 나서 금방 깨달아요. 아이는 말을 안 듣는 게 정상이라는 것을요. 사람의 말을 듣고 그대로 행동하는 건 로봇이 아니고 뭐겠어요.

하지만 우리 마음도 마음대로 잘 안 된다는 걸 잘 알아요. 아이가 로봇이 아니지만, 말을 잘 듣기를 원하는 마음이 자꾸 올라오죠. 그래서 저는 호칭을 바꾸기로 했어요. 다른 사람에게 아이를 설명할 때 '내 딸'보다는 '친구'라는 호칭을 쓰는 거예요.

저희 딸이 3학년 때, 방과후 선생님이 전화를 하셨더라고요.

"아이가 혼자 와서 방과후 수업을 신청하고 갔는데요. 어머니가 허락하신 거 맞아요?"

"아, 그 친구가 신청했으면 그렇게 해주세요."

"그 친구요?"

"아, 제가 딸을 그렇게 불러요."

"아…… 네, 알겠습니다."

방과후 선생님은 좀 당황하신 것 같았어요. 아무래도 제가 쓰는 호칭에서 오는 어색함 때문인 것 같았죠.

친구, 사람들은 이 호칭이 어색한 모양이에요. 제가 이 호칭을 쓰면 당황해하는 경우를 참 많이 봤거든요. 하지만 저는 이제 '내 딸'보다 '친구'라는 호칭이 익숙해요. 사람이 사람을 키우는 것이 불가능하다고 느낀 시점부터, 사람은 사람과 함께 가는 것일 뿐이라고 생각한 시점부터, 저는 딸을 '친구'라고 불렀거든요. 아이가 친구인 건 사실이기도 하잖아요. 저와 동등한 인격체로 대우하고, 정말 친구로 자라주길 바라는 마음을 담아 친구라고 불렀는데, 어느새 정말 친구가 되어버렸어요. 이제 키도 비슷하고, 문학이나 영화 이야기도 나누고, 옷도 같이 입고, 서로의 어깨에 기대며, 이 친구도 나도 자라고 있더라고요.

평생을 함께하고 싶은 멋진 친구로 아이를 대해주세요. 아이의 의견을 존중하고, 결정도 함께 내리는 친구라고 생각한다면 아이에게도 부모에게도 더 좋을 거예요. 물론 아직은 보호자로서의 역할이 매우 중요하지만, 그건 좀 줄이고 친구로서의 삶을 늘리면 좋겠어요. 아이와 부모, 서로가 서로에게 참 멋진 친구였으면 좋겠습니다.

Q 공부를 왜 하는지 모르겠다고 해요. 아직 초등학교 5학년이라 꿈이 없어서 동기 유발이 안 돼 그러는 걸까요, 어떻게 해야 하는 걸까요?

𝒜 5, 6학년 무렵엔 미니 사춘기가 옵니다. 아마도 신께서 우리에게 사춘기가 이런 것이니 미리 맛을 보고 마음의 준비를 하라고 주신 기간인 것 같아요. 그 시기가 지나면 '이제 사춘기가 지나갔구나!' 하지만, 중2가 되면 '초등학교 땐 진짜 사춘기가 아니었던 거구나!' 싶죠. 아이스크림 한 통을 먹은 게 아니라 고작 시식용 스푼으로 조금 떠먹은 거였다는 걸 깨닫게 된답니다. 중2하고 갱년기 엄마가 만나면 제3차 세계대전이 일어나는 거 아시죠? 그 대전을 겪어본 저로서는 미니 사춘기는 그저 태풍이 아니라 파도라고 여기고 즐기시라고 하고 싶습니다.

그리고 아이가 동기 유발이 안 된다고 어떻게 하냐고 물으셨죠? 사실 그 질문과 함께 스스로 답을 말씀하셨어요. 말씀하신 것처럼 동기는 부여되는 게 아니고 유발되는 거거든요. 우리가 넣어줄 수 있는 게 아니라 아이에게서 나와야 한다는 말이죠. 그러니 우리가 걱정할 수는 있겠지만 마음대로 할 수는 없어요. 아이의 인격에서 발현되어야 하는 건데 인격은 우리 마음대로 할 수 없잖아요. 보통 동기부여를 어떻게 하냐고 물어보시는데, 그러면 동기는 부여되는 게 아니라 유발돼야 한다고 말씀드려요. 그런데 질문에 유발이라는 단어를 쓰신 걸 보니 이미 알고 계신 거예요. 아이에게서 유발될 거라 믿고 기다려야죠.

그리고 어쩌면 그 시기에 꿈이 없는 건 당연할지도 몰라요. 생각해보면 애들이 너무 바빴잖아요. 꿈꿀 시간이 없었어요. 유치원 때부터 우린 아이들의 교육에 더 열을 올렸지 꿈꾸는 건 관심 없지 않았나요? 그러다가 아이가 십대가 되고 진로를 결정할 때가 가까워 오면 갑자기 꿈이 없는 걸 심각하게 생각하게 돼요. 진로와 꿈은 다른데 혼동을 하기도 하고요. 사실 대학 진학을 앞두고 진로는 결정해야 하지만, 꿈은 천천히 꾸어도 되잖아요. SNS를 통해 보면 가끔 중년에 꿈꾸기 시작한 사람들 이야기도 눈에 띄곤 해요. 참 멋있죠. 그런데 문제는 그렇게 늦게 꿈꾸기 시작한 사람이 내 자식이면 안 된다는 거예요. 남의 자식은 넓은 마음으로 그래도 돼요. 내 자식이 안 될 뿐이죠. 내 친구는 좀 살쪄도 예쁘다고 할 수 있는데 내 자신에게는 그 말이 안 나오죠? 우리가 이렇게 나한테만 엄격하답니다. 그래서 우리 자신을, 우리 자녀를 그저 한 인간으로 보아야 할 필요가 있어요. 남이라고 생각하면 다 이해될 일이거든요. 아이는 분명히 아이에게 알맞은 시기에 유발된 동기를 붙잡고 꿈을 향해 걸음을 옮길 거예요. 그러니 걱정되는 마음이 있더라도 그 마음에 너무 에너지를 주지 마시고, 지금을 즐기세요. 진짜 사춘기가 찾아오면 그리운 시간이 될 지금이랍니다.

Q 　도대체 누구를 닮아서 이럴까요? 사춘기인 아이의 방황이 길어지네요. 평생 그럴까 봐 걱정이 됩니다. 저도 남편도 별문제 일으키지 않고 잘 컸는데 아이는 왜 그럴까요? 누굴 닮았는지 모르겠어요.

A 　아이를 키우다보면 그럴 때 많죠. 도대체 누굴 닮았는지 모를 때요. 그런데요, 아이는 꼭 누굴 닮아야 하는 걸까요?

　저와 친한 동생이 아기를 낳았어요. 음악을 하던 동생은 육아의 길로 접어들었죠. 꽤 오랫동안 임신이 되지 않아 임신만 하면 좋겠다던 동생이었어요. 아기를 낳으면 육아는 당연히 도맡아 할 거라 생각했죠. 하지만, 아시죠? 육아는 생각과 정말 다른 일이라는 걸. 동생은 지금 본인의 생각과 달리 정말 힘든 육아를 하고 있어요. 아이가 좀 예민하거든요. 그러니 더 힘들 수밖에 없죠. 그래도 잘해나가다 가끔 한 번씩 전화가 와요. 하소연할 곳이 필요하니까요. 얼마 전에도 전화를 해서는 이렇게 말하더라고요.

　"언니, 우리 아이가 예민한 건 알겠는데 부모님들까지 그렇게 말씀하시면 참 속상해요. 지난주에는 친정에 갔었는데, 얘는 누굴 닮아 이렇게 예민하냐고 하시고, 이번 주에는 시댁에 갔더니 또 얘는 누굴 닮아 이렇게 예민하냐고 하시는 거예요. 언니, 우리

애는 꼭 누굴 닮아야 해요? 그냥 얘면 안 돼요?"

저는 그 질문에 충격을 받았어요. 제가 청소년들에게 허구한 날 하는 말이, 너는 너다, 있는 모습 그대로 예쁘다는 말이거든요. 그렇게 말하는 저도 아기는 누굴 닮아서 이런 걸 거야, 라는 생각에서 벗어나본 적이 없더라고요. 엄마, 아빠가 낳은 아기니까 당연히 엄마, 아빠를 닮죠. 하지만 아이는 또 그냥 그 아이로 봐주어야 하잖아요. 누굴 닮았지만 그 아이니까요. 그 아이가, 그 한사람이 꼭 누굴 닮는 것이 의무는 아니잖아요?

"누구 안 닮아도 돼. 서우(예명)는 서우지. 서우는 서우면 돼."

저는 이렇게 말해주었어요. 동생은 그 말에 눈물을 터뜨렸어요. 민서는 민서이고, 서현이는 서현이예요. 진영이는 진영이고, 민지는 민지죠. 부모님의 아이기도 하지만, 그 아이는 그 아이인 거예요. 부모님이 잘난 사람일수록 아이는 힘들어요. 아이도 알거든요. 부모님보다 자신이 부족하다는 걸. 사람들은 쉽게 말하죠. 눈치로도 말하고 말로도 해요. 부모님 같지 않다고. 걔는 좀 다른 것 같다고.

그게 왜 문제일까요? 그 아이는 부모가 낳았지만 부모가 아니잖아요. 그 아이는 그 아이만의 예쁨이 있는 거잖아요. 그렇게 생각해주셨으면 좋겠어요.

그리고 방황이 길어진다고 잘 자라지 않는 건 아니에요. 나무가 현재 올곧게 서 있다고 자랄 때도 쭉쭉 뻗어나가기만 했을까요? 아니에요. 무수히 흔들리며 자란 거예요. 바람도 맞고 햇빛도 받고 태풍도 지나고 소나기도 겪어야 자랄 수 있어요. 사람들은 열매를 보고 나서야 감탄하지만, 사실 그 열매 안에 바람과 햇빛과 태풍과 소나기가 포함되어 있는 거예요. 아이도 그래요. 자꾸 흔들리는 게 싫다고 갑자기 꽉 잡으면 꼿꼿해질까요? 나무를 그렇게 잡으면 부러지겠죠. 아이도 마찬가지예요. 올곧게 성장한 나무도 흔들리면서 자란 과정이 있는 것처럼 지금 흔들린다고 올곧게 성장하지 못하는 건 아니랍니다. 그럴까 봐 두려운 마음 때문에 지금의 과정을 결과라고 생각하지는 않으셨으면 좋겠어요. 아까 말씀드린 동생의 눈물이 잦아들고 나서 제가 그랬어요.

"그리고 서우가 평생 예민할 거라고 생각하지 마. 평생이라고 생각하게 하는 건 사실이 아니라 두려움이야. 아이는 수도 없이 바뀌니까."

아이의 방황이 부모님이 생각한 시간의 길이를 넘어서 두려우실 거예요. 불안하실 거예요. 그 마음을 이해하고 인정해요. 하지만 평생은 아니에요. 부모님이 시간의 길이를 짧게 예상하셨을 뿐이에요. 지금 흔들리는 시간은 아이가 올곧게 자라기 위한 시간일 뿐이랍니다.

Q SNS 친구 신청을 받아주지 않아요. SNS를 시작하고 우리 딸에게 가장 먼저 친구 신청을 했어요. 그런데 시간이 지나도 수락을 안 해주는 거예요. 처음에는 내가 친구 신청한 걸 못 봤나 했는데 계속 안 해주는 거 보니 하기 싫은가 봐요. 저는 딸하고 관계도 좋은 편이라 더 이해가 안 되네요. 아무리 사춘기라도 그렇지, SNS 친구조차 받지 않을 이유가 있을까요?

A 아버님, 한 가지만 여쭐게요. 아버님은 혹시 비밀 없으세요? 꼭 숨길 필요는 없지만, 굳이 말할 필요도 없는, 자신만 알고 있는 비밀이요. 지난 출장 때 조금 쉬고 싶어서 일이 끝난 시간 이후에도 일정이 있다고 하셨다거나, 상사에게 안 좋은 소리를 들었는데 아무 일도 없었던 것처럼 행동하셨다거나 그런 거요. 누구나 그런 거 한두 개쯤은 지니고 있잖아요. 아이도 그런 거예요. 자신만 알고 있는, 친구들하고만 공유하는 비밀이 필요한 거예요.

잠시 우리의 공소시효가 지난 시절로 돌아가볼게요. 초등학교 때 엄마가 사먹지 말라는 불량식품을 사드셨다거나, 시험 끝나는 날은 엄마 몰래 꼭 만화책을 보러 가셨다거나, 어쩌면 시험 기간에도 만화책을 보셨을지 모르죠. 아무튼 이런 비밀이 있지 않았나요? 지금은 추억이라고 말할 수 있는 비밀 말이에요. 아마 그 시절에 걸렸다면 꿀밤 한 대 맞을 법한, 그러나 사생활이라고 우길 수 있을 만한 비밀이요. 저도 있었어요. 지금 생각하면 피식 웃음이 나죠. 그거예요. 아이도 그런 비밀이 필요한 거예요.

그래도 부모니까 다 알고 싶다고요? 다 아셔야 한다고요? 에이, 어떻게 사람이 사람을 다 알 수가 있어요. 나도 날 모르는데 넌들 날 알겠느냐는 노랫말처럼, 자신도 자신을 다 알 수 없는데 어떻게 남을 다 알 수 있겠어요.

자식이 남이냐고요? 그럼요. 통상적으로 알고 있는 '남'은 아니지만, 그래도 자신은 아니니까 남이죠. 다 알 수 없어요. 한데 그럼에도 거의 다 알고 계시잖아요. 학교 생활, 학원 생활, 친구 관계를 거의 다 아시죠? 거기다 이젠 SNS까지 다 아시게요? 왜요? 사랑하니까요? 다 알고 싶어서요?

그럼 한 가지만 여쭐게요. '감시'하고 싶은 맘은 전혀 없으신 건가요?

아이들은 다 알아요. 우리 엄마, 아빠가 들고 있는 게 내 예쁜 모습을 남기기 위한 디지털 카메라인지, 내 행동을 감시하기 위한 CCTV인지……. 말씀은 안 하시지만, 사실은 아버님도 아시죠? 친구를 신청하며 마음에서 전원을 켠 게 디카인지 CCTV인지……. 아마 본인이 더 잘 아실 거예요. 디카라면 당당히 요구하세요. 당장 친구 수락을 해달라고요. 그런데 CCTV의 마음이 조금이라도 있으시면요, 아이의 마음을 존중해주세요. 더 솔직히 말씀드리면 디카라고 해도 아이의 마음을 존중해주셨으면 좋겠어요. SNS만큼이라도 편안하게, 필터로 거르지 않은 대화를 할 수 있게요. SNS에서 유독 나쁜 짓을 하기 때문에 그런 게 아니라, 비밀이 필요한 거예요. 누구에게나 추억이 되기 위해 발생하는 소소한 비밀 말이에요.

요즘 제가 아이들에게 가장 많이 받는 질문이 뭔지 아세요? 엄마(아빠)랑 페친을 끊으면 안 될까요? 엄마(아빠)랑 맞팔 안 하면 안 될까요? 이거예요. 아이들은 그 질문을 하면서 한마디 덧붙여요. 나 진짜 우리 엄마(아빠) 사랑하고 좋아하고 친한데, 그냥 친구들하고만 놀 곳이 필요해서 그래요. 우리 아이들이요, 여기저기 CCTV가 너무 많아서 친구들과 맘 놓고 뛰어놀 공간이 없대요. 그냥 그 공간이 필요한 것뿐이에요. 그러니까 걱정이 돼서 켜놓았던 CCTV를 잠시만 꺼놓고, 그 공간만큼은 그냥 지켜주시면 안 될까요?

Q 아들이 미치겠다며 소리를 질러요. 저한테 "미치겠어, 그만해!" 하고요. 학원을 늦지 않게 가라고 한 것밖에 없는데요. 학원을 네 군데나 다녀도 성적이 안 올라서 노력을 안 한 것 아니냐고 묻긴 했지만요. 하지만 반항 한번 안 하던 착한 아들이거든요. 뒤늦게 사춘기가 오는 걸까요?

A 음…… 예를 들어서 말씀드릴게요. 어머니가 시장에 가셨어요. 마트에 갔다가 야채가게에 갔다가 과일가게를 갔지요. 장소를 옮길 때마다 남편에게 알림이 가는 거예요. 그리고 집에 와서 열심히 음식을 했는데, 퇴근한 남편이 음식을 먹으며 잘했다는 말을 한마디도 안 해요. 아니, 칭찬은 고사하고 황당하게 점수를 매기는 거예요. 장조림은 70점, 나물은 65점, 밥은 80점. 하도 어이가 없어서 남편에게 말했죠.

"잘하고 싶어서 열심히 했는데 힘 빠지게 왜 그래?"

남편은 대답해요.

"노력했으면 티가 나야지. 발전이 없잖아. 음식 하다가 딴생각한 거 아니야?"

어머니는 엄청 화가 났지만, 싸우기 싫어서 아무 대답도 하지 않았죠. 하지만 남편이 매일 그렇게 행동하는 거예요. 감정이 쌓이고 쌓여서 어느 날 터져버렸죠. 남편에게 버럭 소리를 질렀어요.

"미치겠어, 그만해!"

어머니 같아도 그러셨겠죠? 상상만으로도 짜증이 나죠? 맞아요. 그럴 거예요. 그런데 아까, 아들이 뭐라고 했다고 하셨죠?

"미치겠어. 엄마, 그만 좀 해!"

이 말이죠? 그럼 제가 말한 이야기 속에서 나왔던 대사와 똑같네요, 그렇죠?

아들의 심정도 똑같아서 그래요. 미치겠으니까 엄마가 제발 그만해주기를 바란 거예요. 학원엘 갈 때마다 엄마에게 알림이 가죠. 진짜 학원 가기 싫을 때도 어쩔 수 없어요. 엄마에게 혼날까 봐 가죠. 그래도 부모님이 힘들게 번 돈으로 학원을 보내주는 건 알아서 열심히 한다고 했는데, 성적이 매번 잘 나오지 않아요. 엄마는 성적만 보고 노력을 안 했다며 잔소리를 하죠.

"노력을 했으면 티가 나야지, 발전이 없잖아."

"너, 공부하다가 딴생각 한 거 아니야?"

그런 말들을 들어도 대들기 싫어서, 사랑하는 엄마와 싸우기 싫어서 그냥 넘겼는데, 감정이 쌓이고 쌓이다보니 터진 거예요. 미치겠다고, 그만 좀 하라고.

그저 반항이라고 생각하니 속상하시죠? 많이 놀라셨기도 했을 거예요. 친구를 잘못 만난 걸까, 착한 아들이 왜 그럴까 싶죠.

맞아요, 착한 아들. 착한 아들이니까 참을 만큼 참다가 터진 거예요. 안 착한 아들이면 진즉에 터졌을 거예요. 그러니까 너무 걱정하지 마시고요. 얼마나 힘들면 그랬을까? 그렇게 생각하고 이해해주세요.

그리고 학원은 다니기 싫다고 하면 보내지 않아도 된다고 생각해요, 저는. 이러다가 성적이 더 떨어지면 제 탓이 될까 봐 염려가 되기도 하는데요, 아이는 성적이 아니고 아이잖아요. 사람은 자기가 싫은 건 못해요, 안 하죠. 그렇게 싫어하는데 보낸다고 공부가 될까요? 수업을 열심히 들을까요? 아이에게 물어보시고 쉬고 싶다면 쉬게 해주셨으면 좋겠어요.

Q 이렇게 느슨하게 생활해도 될까요? 사춘기인 건 알지만 중요한 시기잖아요.

A 어머니, 제가 정말 자주 듣는 말이에요. 무슨 말이냐고요? '중요한 시기'라는 말이요. 아이들이 저에게 찾아와서 말해요.
"중요한 시기인데 쉬어도 될까요?"
어른들이 찾아와서 말씀하시죠.

"중요한 시기라서 걱정이에요."

중요한 시기. 저는 그 말을 상담하면서 정말 많이 들었어요. 그런데 상담 때에만 들었던 건 아니에요. 제가 그 말을 처음 들었던 건 초등학교 4학년 여름방학 때예요. 담임 선생님이 말씀하셨죠.

"중요한 시기니까 놀지만 말고 알차게 보내도록!"

그때부터 쭉 중요한 시기라는 말을 백번도 넘게 들었어요. 그런데요, 저는 중요한 시기가 따로 있다고 생각하지 않아요. 중요한 시기가 아닌 시기는 없다고 생각해요. 살아 있는 하루하루, 매일 매순간이 중요하잖아요. 그러니까 '중요한 시기'라는 말로 가뜩이나 자유롭지 않은 아이들의 삶에서 면죄부까지 앗아가지 않으셨으면 좋겠어요.

초등학교 4학년, 저를 포함한 저희 반 아이들은 정말 어렸거든요. 그 어린 녀석들이 '중요한 시기'라는 말이 걸려서 놀면서도 마음이 찜찜했어요. 그렇다고 놀 애들이 놀지 않거나 공부할 애들이 놀거나 하지는 않았고요.

아이들의 사춘기도 우리들의 오춘기도 정말 중요한 시기예요. 우리라고 느슨하게 생활하면 안 되고 열심히 일하기만 해야 할까요? 딱 정해서 말할 수 없잖아요. 놀 땐 놀고 일할 때 일하면 좋은데 그건 또 뭐 마음대로 되나요? 일해야 할 때 놀고 싶은 마음이 들 수도 있고 놀 수밖에 없을 때도 있죠. 놀고 싶은데 일해야 할 때도 있고요. 그러니 중요한 시기라는 말로 아이를, 혹은 자신을 가두지 마세요. 사춘기는 공부도 중요하지만, 자신을 찾아가는 탐색과 여행이 더 중요한 시기니까요. 조금 느슨하지만 자신을 탐색하고 여행할 시간을 주세요. 아무리 좋은 여행지를 많이 다녀도 자신을 여행하지 못한 사람은 나중에 사춘기를 더 심하게 앓기도 하더라고요. 지랄 총량의 법칙 아시죠? 어차피 총량이면 지금 사춘기 때 조금 그 양을 채워두는 게 더 좋을 것 같아요, 저는.

Q 아이가 저에게 자기편이냐고 물어요. 당연히 한편이라고 말하긴 했는데 왜 그걸 묻는 걸까요?

A 네, 잘하셨어요. 아마 아이는 자기편이 없는 것 같은 시간을 보내고 있을 거예요. 우리도 그럴 때 있잖아요. 친구도 가족도 내 편이 아닌 것 같은 때요. 그래서 엄마만은, 아빠만은 내 편이기를 바라고 물었을 거예요. 저는 아이들을 만나면서 많이 느껴요. 아이들은 가르치는 사람이 필요한 게 아니라 한편이 필요하구나, 하는 사실을요. 그리고 아이들이 말하는 편은 어른들이 말하는 편과 참 많이 다르구나, 하는 것도요.

세월호 참사 이후 단원고 아이들이 다시 등교를 시작했을 때였어요. 한 아이가 학교 방향으로 가지 않고 반대 방향으로 가는 거예요. 초등학교 때부터 학교를 같이 다니던 친구가 학교 반대 방향에 살고 있었거든요. 매일 그 친구 집에 가서 친구랑 같이 학교를 갔었다고 해요. 그러니까 당연히 친구 집 쪽으로 발걸음을 옮긴 거죠. 그런데 그 친구는 세월호 안에서 빠져나오지 못했어요. 그럼 그 아이를 어떻게 대해야 한편일까요? 어른들에게 물으면 답은 똑같아요. 가서 말해줘야 한대요. 친구는 하늘나라에 갔으니 그쪽으로 가면 안 된다고요. 그러다가 학교 늦지 말고 이제 학교로 곧장 가라고요. 하지만 아이들의 답은 달라요. 아이들은 그냥 옆에서 같이 가주겠대요. 그러다 하늘로 간 친구가 그리워 울면 같이 울겠대요. 잠시 멍하니 친구 집 앞에 앉아 있으면 옆에 같이 앉아 있거나 일어날 때까지 기다리겠대요. 그럼 제가 물어요. 그러다 같이 학교에 늦지 않겠냐고. 그럼 아이들은 대답해요.

"늦으면 어때요. 그게 뭐가 중요해요. 친구가 슬픈데……."

아이들은 그게 한편이라고 말해요. 저는 아이들에게 참 많이 배워요. 어른이 되어서 잊어버린 한편은 그런 거였어요. 아이들을 만나는 사람이 아니었다면 오래전에 잊었을 거예요. 한편은 틀리다고 가르쳐주는 사람인 줄 착각했을 거예요. 그러지 않아서 참 다행이에요.

아이랑 한편이 되어주세요. 우리 방식으로 말고 아이의 방식으로, 가르치지 말고 함께 걸어주는 한편이 되어주세요. 무슨 소리냐고 다그치지 않고, 들어가서 공부나 하라고 소리치지 않고, 당연히 한편이라고 말씀해주신 건 정말 잘하신 거예요. 모르긴 몰라도 아이는 힘이 났을 걸요. 세상이 무너진 것 같을 때 내 맘을 알아주는 나의 편 한 사람만 있어도 다시 일어날 힘이 생기잖아요.

Q 말이 너무 많아서 정신이 없어요. 사춘기가 되더니 쓸데없는 이야기를 어찌나 많이 하는지 정신이 하나도 없어요. 이 이야기를 정말 다 들어줘야 할까요?

A 아이들을 만나다보면 아이들에겐 '쓸데없는 이야기를 할 수 있는 힘'이 있다는 걸 많이 느껴요. 학교 갔다 집에 와서 가방 내던지고는 쓸데없는 이야기를 재잘대며 자란 것이, 얼마나 그 삶에 빛으로 남아 빛나고 있는지 느끼곤 한답니다. 아무 도움도 안 되는 아무말대잔치를 할 수 있는 것과 할 수 없는 것이 아이들을 차이 나게 해요. 성적도 대학도 아닌, 부도 명예도 아닌, 그저 쓸데없는 이야기를 할 수 있었던 것과 없었던 것, 그것이 그 무엇

으로도 좁힐 수 없는 차이를 만들어요. 쓸데없는 이야기를 하며 쌓이는 밝음이 있는 것 같아요.

쓸데없는 이야기는 쓸데없는 것이 아니에요. 쓸데없는 이야기만큼 쓸데 있는 것도 별로 없어요. 아이들이 차별 없이, 쓸데없는 이야기를 맘껏 할 수 있으면 좋겠어요. 그게 참 쉽지 않지만요. 창작자들의 아이디어는 다 쓸데없는 이야기에서 나와요. 문득 속엣것을 쏟아놓다보면 '이거다!' 싶은 것을 발견하게 되거든요. 저도 주제를 가지고 이야기를 나눌 때보다 편한 사람들과 아무말대잔치를 하다가 아이디어를 얻을 때가 많아요. 쓸데없는 이야기는 절대 쓸데없는 것이 아니랍니다. 그래서 저는 쓸데없는 이야기를 할 수 있다는 것이 참 큰 축복이라고 생각해요. 그래서 편안하게 다 들어주셨으면 좋겠어요.

어른이 되니 참 재미없어지죠. 뭔가 답을 내려주고 싶고 해결해주고 싶은데 그럴 수 없을 때 답답하기도 해요. 쓸데없는 이야기는 그럴 수 없게 만드는 것이니 더 답답해지기도 하죠. 그런데 아이들은 답을 달라는 게 아니에요. 그저 들어달라는 거죠. 같이 꺼내놓고 보자는 거지, 깔끔하게 정리해달라는 게 아니거든요.

저희 엄마는 쓸데없는 이야기를 맘껏 들어줄 수 있는 상황이 아니었어요. 새벽시장에서 장사를 하신 어머니는 밤 12시에 나가서 오후 3시쯤 돼야 들어오셨거든요. 그러니 제가 학교에서 돌아오면 엄마는 식사를 마치고 곧 주무셔야 했죠. 저는 학교가 끝나면 전력질주를 했어요. 100미터를 뛰는 데 20초가 최고 기록이 었으니 뛰어봤자 속도가 빠르진 않았지만요. 저만의 속도로는 최고로 빨리 뛰어갔죠. 엄마가 주무시기 전에 쓸데없는 이야기를 하고 싶어서요. 현관을 열었을 때 엄마가 웃어주면 그렇게 좋을 수가 없었어요. 오늘은 쓸데없는 이야기를 할 수 있는 날이니까요. 반대로, 엄마가 이미 주무시고 계시면 그렇게 슬플 수가 없는 거예요. 그래도 저는 쓸데없는 이야기를 포기하지 않았어요. 잠 들어 있는 엄마 옆에서 이야기를 늘어놓았죠. 짝꿍이 안경을 바꾼 것부터 선생님이 화를 내신 이야기까지……. 아침에서 시작해 어제로 갔다가 내일로 가는 종횡무진 이야기를 쏟아놓곤 했어요. 아마 그 시간이 아니었으면 저는 더욱 암울한 아이가 되었을 거예요. 하지만 그 시간이 있었기에 저는 힘이 났고 그 시간만큼은 밝아질 수 있었어요.

그런데 요즘 아이들은 쓸데없는 이야기를 들어줄 사람이 없거나, 들어줄 사람이 있는 경우에는 말할 시간이 없대요. 그게 참 안타까워요. 그런 이야기를 하며 내공을 쌓고, 환기를 하고, 에너지를 얻는 것이니까요. 들어주세요. 답이 없는 이야기를 들으며 함께 쉬세요. 아이와 함께 쓸데없는 이야기를 하며 얻어지는 에너지를 느껴보시면 좋겠어요.

뭐가 되고 싶고
하고 싶을까요?

Q 성격이 무턱대고 긍정적이에요. 성적이 떨어져도 집에
와서 싱글벙글하지 뭐예요. 그 성적이면 대학에 못 갈 수도 있
다는 거, 모르는 걸까요?

A 음…… 제가 조금 생뚱맞은 이야기를 먼저 할게요. 제가
요즘 가장 슬프게 생각되는 질문이 뭔지 아세요? 처음 상담을 시
작했을 때는 가슴 아픈 상황이나 환경을 듣는 순간이 제일 슬펐
어요. 그런데 상담을 계속하다보니 슬프다고 말할 수 없는 슬픔
을 마주할 때가 가장 슬퍼요. "죽고 싶어요"보다 "성적이 나빠요"
로 시작되는 상담이요. 성적의 나쁨이 자신의 나쁨이라는 생각으

로 이어지거든요. 그리고 "성적이 나빠서 집에 못 들어가요"라는 이야기가 등장하죠. 너무 슬프지 않나요? 집에 들어가는 사람의 조건이 있다는 사실 말이에요. 집은 조건이 없는 품이어야 해요. 저는 그렇게 생각해요. 밖에서 어떤 손가락질을 받더라도, 집만은 손가락질로부터 지켜주는 안전한 곳이어야 하죠. 그런데 집이 그깟 성적 때문에 못 들어가는 곳이 되었어요. 저는 이 사실이 제일 슬퍼요. 제가 "왜 성적 때문에 집에 못 들어가?"라고 물으면 아이들은 대답해요. "당연하죠. 이 성적으론 서울에 있는 대학 못 가는데"라고요. 저는 이 몹쓸 당연함이 요즘 가장 슬픕니다.

그런데 수임(예명)이는 집에 들어간다는 거잖아요. 수임이가 사는 집은 성적과 관계없이, 조건 없이 들어갈 수 있는 집인 거죠. 그게 수임이에게 얼마나 큰 평안을 줄까요? 그런 가정을 만들어주셔서 감사해요. 그리고 수임이도 알 거예요. 그 성적으로는 부모님이 원하는 대학엘 가기 힘들다는 사실을요. 이런 말이 있어요. 세상에 있는 직업이 백 개라고 한다면, 아이들은 서른 개를 알고, 진로담당 선생님은 쉰 개를 알고, 엄마는 스무 개를 안다고요. 입시정보나 취업정보를 우리가 더 잘 알 것 같지만 사실 아이들이 더 잘 알고 있어요. 아이들이 우리보다는 더 잘 알아요. 수임이도 그럴 거예요. 대신 수임이는 또 하나를 아는 거죠. 대학이 삶의 전부가 아니라는 사실을요. 부모님이 말씀하시는 대학 중에 골라서 갈 수는 없겠지만 그게 전부는 아니라는 사실을 알고 있을 거예요. 어쩌면 남들과 똑같지 않은 자신만의 길을 꿈꾸고 있는지도 모르죠.

저는 수임이가 참 지혜로운 아이라고 생각해요. 어머니 말씀대로 참 긍정적이기도 하고요. 그리고 그 긍정은 어머니한테 배운 것 같아요. 지금 상담하러 오셔서 엄청 심각하다고는 하시지만 웃고 계시잖아요. 항상 밝으시고요. 어머니가 이 밝음으로 어려운 상황들을 잘 헤쳐오신 것처럼 수임이 역시 그럴 거예요. 그러니 믿으세요. 수임이는 잘할 거예요. 명문대를 가지 못할 수는 있지만, 명문대 부럽지 않은 삶을 살 수 있을 거랍니다.

Q 성적이 계속 떨어지고 있어요. 이번 중간고사 성적도 떨어지면 갈 데가 없어요.

A 왜 갈 데가 없어요. 어머니가 '갈 데'잖아요. 아버지도 '갈 데'가 되어주시고요. 집이 없는 아이들이 있어요. 부모가 없는 아이들도 있고요. 그 아이들이 갈 데가 없다고 하면 정말 해줄 말이 없어요. 제가 나름 갈 데가 되어주려고 하고 좋은 분들이 여럿 계시지만, 그래도 마음이 아프죠. 가출을 한 아이들이 연락을 해서

는 그래요.

"쌤, 갈 데가 없어요."

그럴 때 다시 들여보낼 수 있는 가정이 있으면 너무 기뻐요. 제가 가서 아이의 마음을 설명하고 부모님의 이야기를 듣고, 아이와 부모님을 다시 만나게 하는 순간, 화해가 이루어지는 그 순간은 정말 보람이 샘솟는 순간이죠. 하지만 그런 순간을 자주 만나지는 못해요. 다시 들여보낼 수 없는 가정도 많거든요. 폭력이나 방임이 이루어지는 가정이라면 들여보낼 수 없죠. 그럼 보호소나 쉼터를 알아봐요. 결국 '갈 데'는 마련해주게 되지만 그래도 전자보다는 마음 한 편이 헛헛하고 쓸쓸해져요. 그런데 성수(예명)는 저에게 갈 데가 없다는 이야기를 한 적이 없어요. 어머니와 아버지가 있는 집이 있으니까요.

물론 저도 알아요. 그 '갈 데'라는 건 대학을 말씀하시는 거라는 걸요. 하지만 저는 대학만이 '갈 데'로 둔갑하는 현실이 아이들을 더 아프게 한다는 것도 알거든요. 그래서 그렇게 생각하지 마시라고, 성수는 갈 데가 있는 행복한 아이라는 말씀을 미리 드렸어요. 그리고 성수가 갈 대학도 있을 거예요. 그 전에 성수가 가고 싶은 학과를 찾았으면 좋겠어요. 아직 자신이 어떤 공부를 하고 싶은지 잘 모르더라고요. 우선 어머니도 저도 성수가 그것을 찾도록 도와주기로 해요. 그리고 혹 갈 대학이 없더라도 다른 기회들이 있다는 걸 알려주고 싶어요. 취업을 할 수도 있고, 쉴 수도 있고, 재수를 할 수도 있고, 좋아하는 분야를 더 찾아볼 수도 있잖아요. 조금 다르더라도 조금 늦더라도 아무 문제 없잖아요. 아직 인생의 시간으로 보면 이른 아침인데요, 뭐. 아침밥이 좀 부실하다고 점심밥을 못 먹는 건 아니에요. 점심밥이 부실하다고 하더라도 저녁에 밥에다 야식으로 족발까지 잘 먹을 수 있는 성수잖아요. 너무 염려하지 마세요. 성수도 불안해하고 있어요. 그러니 갈 대학은 있을 거고, 없더라도 부모님이 '갈 데'라는 걸 알려주세요. 성수는 정말 아무 문제 없을 거예요.

Q 진로 결정을 자꾸 미뤄요. 아이가 고2니까 정해야 하는데, 매번 생각하고 있다고만 하네요. 제 마음만 급한 것 같아요. 느려도 괜찮다는 말이 유행이라는데, 그 느림도 어느 정도여야 괜찮지 않을까요?

A 우리는 그런 거 같아요. 괜찮다고 말하면서도 어느 정도를 정하게 되죠. 많은 경험을 해서인지 그 정도가 각자 정해지게 되나 봐요. 그런데 우리가 아무리 경험치가 많다고 해도 그걸 아이에게 적용할 수는 없지 않을까요? 아이의 지금은 우리에게 또

새로운 경험이니까요.

저희 딸 이야기를 들려드릴게요. 딸아이의 연예인은 민속촌에 있어요. 민속촌에 가보면 사또, 장사꾼…… 이런 역할을 하는 친구들 있잖아요. 그 친구들을 엄청 좋아해요. 유튜브로 영상을 보면서 환호하고 그래요. 그래서 지난 토요일에는 직접 민속촌에 갔어요. 사또, 장사꾼, 화공, 꽃거지를 찾아다니며 사진 찍고, 자신이 그린 캐리커처도 주고 그러더라고요. 그런데 그 속도가 너무 느린 거예요. 사진 찍자고 말하러 가면서도 바쁘지 않을까, 귀찮아하지 않을까 걱정하며 느리게 가고요. 캐리커처를 주러 가면서도 선물로 받아줄까, 별로 좋아하지 않으면 어쩌지 고민에 고민을 하면서 느리게 가더라고요. 저는 성격이 급해서 그런지, 그게 너무 답답했어요. 가까이 가는데도 시간이 엄청 걸리고, 가서도 말 거는 데 시간이 또 걸리고, 사진 찍고 그림을 줄까 말까 망설이는 데도 시간이 걸렸거든요. 제 인내심을 마구 끌어올려도 용인되지 않을 만큼 느렸어요. 그런데 그다음 날 부모 강의를 두 번이나 해야 했어요. 부모 강의에 가서는 아이의 속도를 인정해주자, 아이를 있는 모습 그대로 보자고 말할 텐데, 그럴 사람이 자기 자식한테는 왜 이렇게 느리냐고 다그치면 안 된다는 생각이 들더라고요. 그래서 참을 인 자를 백 개쯤 새기며 아이를 보고 있다가 도저히 안 되겠어서 나무 아래에 앉아 아이에게 말했어요.

"너는 너의 속도가 있고, 엄마는 엄마의 속도가 있거든. 한데 그 두 속도가 너무 다른 거 같아. 그러니까 엄마는 여기 앉아서 책을 읽고 있을게. 너는 너의 속도에 맞게 가서 사진도 찍고 그림도 주고 와."

딸은 알겠다며 오래 걸려도 기다려달라고 하더라고요. 그래서 저는 알겠다고 걱정 말라고 하고 책을 읽었어요. 두꺼운 소설이었는데, 그 책을 반쯤 읽었을 때 아이가 오더라고요. 싱글벙글 웃으면서요. 사또도 그림을 좋아하고, 화공도 그림을 좋아하고, 꽃거지랑 사진도 찍었다면서요.

저도 잘 안 되더라는 말씀을 드리는 거예요. 뭐가 안 되냐고요? 아이의 시간과 속도를 신뢰하고 기다리는 것 말이에요. 이렇게 강의하는 저나 여러분이나 쉽지 않은 문제죠. 그래서 빨리하기를 바라고 때론 늦을까 봐 윽박지르고, 우리 지난 시절과 견주어보면서 조급해하고 그러잖아요. 왜 그럴까요? 아이는 한 사람이지, 지난 시절의 내가 아닌데 말이에요. 그걸 알면서도 잘 안 될 때마다 일부러 떠올려야 하는 것 같아요. 아이는 아이만의 속도가 있다는 사실을요. 아이는 나의 경험치와 상관없는 한 사람이라는 것을요.

우리 함께 노력해봐요. 우리의 시간과 속도에 아이가 따라오기를 바라지 말고, 아이의 시간과 속도를 믿고 기다려주자고요. 그러면 우리들의 오늘도, 아이들의 오늘도 조금은 더 행복할 것같아요. 아이는 부모의 진로가 아닌 자신의 진로를 자신의 속도대로 고민할 권리가 있어요. 조급해하지마시고 기다려주세요. 조급하실 땐 그 생각 말고 다른 생각, 다른 행동을 일부러라도 하시는 게 도움이 돼요. 그 생각에 몰두하지 않도록 다른 생각과 행동에 에너지를 쓰세요. 혼자 영화를 보러 가셔도 좋고 혼자 노래방에 가셔도 좋아요. 들어갈 때만 좀 쑥스럽지, 들어가고 나면 그렇게 자유롭고 행복할 수가 없더라고요.

Q 산만한 아이라 적성을 찾기가 힘들어요. 저희 아이는 강사가 되고 싶다고 하면서 가만히 서 있질 못해요. 어수선한 편이죠. 그런데도 강사가 될 수 있을까요?

A 저도요, 저도 그래요.(웃음) 무슨 말이냐고요? 저도 강의를 자주 하는데요, 가만히 서 있지를 못해요. 그래서 고정되어 있는 마이크를 못 쓰죠. 꼭 무선 마이크를 사용해요. 무대 가운데에 강의하는 교탁이 마련되어 있을 때도 청중들에게 양해를 구하고 앞으로 나와요. 고정되어 있는 카메라로 촬영을 할 경우, 아주 기피하고 싶은 강사죠. 하지만 움직이며 강의한다고 해서 거절당한 적은 없어요. 제 입으로 말씀드리기는 쑥스럽지만 오히려 좋아하

세요. 생동감이 느껴진다고요.(웃음) 이제 어떤 직업은 어때야 한다는 틀이 많이 없어진 시대 같아요. 가만히 서 있지 못해서 강사가 되기 어려운 게 아니라 움직이며 강의하는 강사가 되면 돼요. 고음이 올라가지 않는다고 가수가 되지 못하는 게 아니라 중저음으로 노래하는 가수가 되면 돼요.

얼마 전에 제가 강의를 갔던 장소 안에 카페가 있었어요. 그 카페에서 커피를 마셨는데요, 너무 맛있는 거예요. 그래서 강의를 주최하신 분께 맛있다고 말씀드렸더니 그분이 말씀이 이래요.

"그렇죠? 그런데 이 카페 매니저님은 커피를 못 드세요. 커피를 한 모금만 드셔도 잠을 못 주무신대요. 그래서 배운 대로 정확하게 계량해서 커피를 타세요. 커피 맛이 항상 같은 건 그 이유죠."

저는 그 이야기를 듣고 너무 놀랐어요. 커피를 마시지 못한다고 커피를 못 타는 것이 아니라는 걸 그때 깨달았거든요. 그러니 걱정하지 마세요. 아이가 저처럼 움직이며 산만하게 강의하는 강사가 되면 연락 주세요. 제가 "너는 산만한 게 아니라 생동감 있게 하는 것"이라고 칭찬해줄 테니까요.

Q 치킨집 사장이 되는 것도 꿈인가요? 우리 어렸을 땐 그래도 좀 큰 꿈을 꿨던 거 같은데. 아들이 좋아하는 일을 해야지 싶으면서도 실망이 됩니다.

A 제가 품고 있는 아이 중에서도 아드님과 똑같은 꿈을 가진 녀석이 있어요. 그 녀석이 한 어른에게 꿈을 말했더니 그분이 꿈을 크게 꾸라고 조언을 해주셨대요. 그 이야기를 듣고 와서 저에게 묻더라고요. 정말 꿈은 커야 하냐고요. 그 질문을 받는데 힘이 빠져서 글을 썼어요. 글로 정리해서 이야기해주고 싶었기 때문이죠. 그 글을 보여드릴게요.

꿈에 크기가 있을까? 큰 꿈과 작은 꿈을 어떻게 나눌 수 있는 걸까? 우리 아이는 치킨집에서 일한다. 그 녀석은 치킨집을 내는 게 꿈이다. 그건 나의 꿈이기도 하다. 그 치킨집에서 청소년 녀석들과 치킨을 먹고 싶다. 그런데 누군가 꿈을 더 크게 꾸라고 말한다면 화가 날 것 같다. 나는 아이들이 어떤 꿈을 꾸든 그 꿈 안에서 생명의 가치가 숨 쉬고, 그 숨을 소중히 여기면 좋겠다. 대기업에 다니는 친구보다 떡볶이를 파는 친구가 더 행복하다는 게 아니라, 각자 자기의 자리에서 행복을 누릴 수 있다는 이야기다. 꿈에 크기는 없다고 말하고 싶다. 직업에 귀천이 없는 것처럼, 꿈에도 계급은 없으니까.

　저는 이렇게 생각해요. 큰 꿈과 작은 꿈은 없다고요. 그걸 알면서도 무시할 수 없는 사회의 시선이 있기는 하죠. 뭔가 높은 직업과 낮은 직업을 나누는 기준이 있고, 그것이 삶을 나누는 기준으로까지 번지는 느낌이 있죠, 분명히. 그런데요, 그게 옳은 생각은 아니잖아요. 그럼 우리는 옳은 생각으로 옮겨가야죠. 한두 명씩 그렇게 옮겨가야 조금씩 세상이 움직이지 않겠어요?
　제가 품고 있는 아이들 몇 명이 치킨 배달을 해요. 그래서 우리는 아무리 늦은 밤이라도 치킨이 먹고 싶으면 먹을 수 있어요. 그러면 치킨을 먹으면서 아이들에게 "오늘 그 형이 열심히 일한 덕분에 치킨을 먹는 거야"라고 해야지, "너 공부 안 하면 나중에 그 형처럼 밤에도 일해야 한다"라고 말하면 안 되는 거잖아요. 낮은 삶이 아니고 다른 삶, 틀린 삶이 아니고 다양한 삶이니까요. 다른 삶에 대한 기본 예의가 있어야 하는 거니까요. 그런데 그런 이야기를 실제로 배달하는 녀석들이 듣는다고 해요. 그러면 우린 어떻게 말해야 할까요? 우리도 같이 그렇게 말해줘야 할까요? 아니죠. 그런 말을 하면 안 된다고 알려줘야 진짜 어른이죠. 저는 그랬으면 좋겠어요. 꿈을 크기로 나누지 마시고 응원해주세요. 그리고 꿈은 바뀔 수 있어요. 그럼 또 그때의 꿈을 응원해주시면 돼요. 꿈은 크기도 없지만 불변성도 없으니까요.

Q 타투를 하고 싶다고 해요. 요즘은 타투에 대한 인식이 많이 바뀌었다지만 좀 걱정이 돼요. 나중에 취업을 할 때 불리할 것 같기도 하고요. 시간이 지나 지우고 싶어지면 비용도 많이 든다는데……. 그래도 아들이 하고 싶다니까 허락을 해주는 게 맞을까요?

A 어머니 말씀이 맞습니다. 타투에 대한 생각이 많이 바뀌었지만 아직도 타투 때문에 일자리를 구하지 못하는 아이들이 있어요. 그래서 그 아이들을 보살피는 어른들은 할 수 없이 문신을 지워주려는 노력을 하죠. 저도 그중 한 사람이고요. 하지만 아이가 문신을 지우고 취직을 하는 것보다 더 바라는 게 있어요. 바로 문신이 일자리를 구하는 데 장애가 되지 않는 것이죠. 문신이나 머리 색깔 등은 그 사람이 아니라 그 사람의 취향일 뿐이라는 걸 사회가, 어른이, 면접관이 인정하는 것이에요. 그래서 문신을 하러 간다는 청소년들에게 "몇 년이 지나서 후회하는 형들 많이 봤어. 직장 구하는 데 문제가 된다더라" 하는 게 아니라, "응, 많이 고민하고 결정한 거지? 그럼 예쁘게 해. 그건 너의 취향일 뿐, 너의 삶에 아무런 지장을 주지 않아"라고 말할 수 있었으면 좋겠어요. 저는 어쩔 수 없이 아이들의 문신을 좀 더 저렴하게 지울 수

있는 병원을 알아보면서도 아이에게 그런 말을 해줘요. 타투로 사람을 평가하는 일이 없어져야 하는데, 아직은 그런 사회이고 그런 어른들이라 미안하다고요.

그리고 또 어머니 말씀처럼 사회의 시선 때문이 아니라 본인의 마음이 변하는 경우도 있어요. 그냥 후회가 되는 거죠. 그럼 비용도 비용이지만 아주 깨끗하게 지우는 것도 어려워요. 어떤 타투냐에 따라 다르겠지만 보통 희미한 자국은 남거든요. 그래서 저는 타투를 하고 싶다는 아이가 찾아오면 미리 이야기를 해줘요.

"타투를 하고 싶다는 네 의견에 그냥 찬성해주고 싶은데 내가 겪어보니 몇 년 후에 지우고 싶어 찾아오는 선배들이 있어. 몇 가지 이유가 있단다. 그중 첫 번째는 직장 면접을 보는 데 불리한 경우야. 물론 이건 사회와 어른들의 잘못이지. 타투를 그저 취향으로 보지 않고, 불온한 의식의 표출로만 보는 거니까. 그 시선으로 타투를 한 사람까지 단정 짓는 거니까. 사회와 어른들의 시선이 바뀌어야 하는 문제지만 그게 한 번에 빨리 되지는 않으니, 타투를 지우는 방법을 택하는 거야. 타투에 대한 생각이 많이 바뀌었지만 아직도 그런 경우가 가끔 있단다. 두 번째는 자신의 꿈에 방해가 되는 경우야. 내가 상담하던 아이 중에서 청년이 되어서야 꿈을 찾게 된 경우가 있어. 그 꿈은 연극배우였는데, 그 친구의 상반신과 팔에 있는 문신이 문제가 되었지. 연극배우는 여러 가지 배역을 해야 하니까 문제가 됐던 거야. 시골에 사는 할머니 역할을 하는데 목 뒤와 팔에 문신이 보이면 안 되잖아. 매번 문신을 가리는 옷만 입을 수도 없고. 사실 이것도 첫 번째 이유와 겹치긴 하지만, 직장에 들어가기도 전에 문제가 되는 것이 아니고 꿈을 이룬 후에 어려움이 생기는 것이니 다르다고 볼 수 있지. 세 번째는 자신의 마음이 변하는 경우야. 타투가 엄청 예쁘고 좋았는데, 그냥 싫어지는 거지. 이 이유도 첫 번째 이유가 아예 작용하지 않았다고는 말할 수 없지만, 자신의 마음이 지우고 싶은 쪽으로 기운 거야. 어떤 이유든 나중에 네가 지우고 싶어지거나 지워야 하는 일이 생길 수도 있다는 말이야. 내 말을 잘 생각해보고 결정했으면 좋겠어. 결정한 후에는 어떤 결정이든 응원할게."

물론 이런 이야기를 해도 타투를 하겠다는 아이가 포기하고 마음을 바꾸는 경우는 아주 드물어요. 하지만 보험을 들 때 약관을 보여주는 것처럼, 수술하기 전 어떤 수술인지 설명을 해주는 것처럼, 말은 해줘야 한다는 생각이 들어서 해주는 거예요. 어떤 일이든 판단은 본인이 해야 하니까요. 아이에게도 이렇게 이야기를 들려주시고 그 후에 스스로 판단하도록 하면 어떨까요? 어떤 식으로든 결정을 내린 후에 응원을 해주는 것도 우리의 몫이라는 거 잊지 마시고요.

Q 아이 장래 희망이 가수예요. 요즘 오디션 프로그램을 보면 정말 노래 잘하는 사람이 많아서 불가능해 보이는데요, 그냥 응원을 해줘야 할까요?

A 현실적인 이야기를 해주셔도 돼요. 그 꿈을 이루는 데 참 많은 사람들과 경쟁해야 하고 어려운 시간들을 통과해야 한다는 걸 아이도 알아야죠. 하지만 그럼에도 아이가 하고 싶다고 하면 응원해주시면 좋겠어요.

사실 노래 잘하는 사람들만 많은 건 아니에요. 작가도 그렇죠. 글 잘 쓰는 사람도 많거든요. 셰프요? 한때 붐이 일어서 경쟁자가 더 많아졌을 걸요. 요즘 아이들 꿈 1위가 유튜버라는데요, 유튜버는 적을까요? 유튜브를 한 번만 열어봐도 아실 거예요. 엄청나게 많다는 것을요. 이렇게 다 많아요. 노래 잘하는 사람이 너무 많아서 가수를 꿈꿀 수 없다면 가수를 꿈꿀 수 있는 사람은 아무도 없을 거예요. 그런데요, 오디션 프로그램을 계속 보다보면요, 음역대가 높은 사람만 우승을 하는 건 아니더라고요. 물론 음역대가 높은 사람이 우승을 하기도 하지만, 음역대는 높지 않아도 자신만의 스타일이 있는 사람들이 더 우승을 많이 하던데요. 제 생각에는 경쟁자가 많지 않은 분야는 거의 없을뿐더러 경쟁자가 많다고 하지 못할 분야도 없는 것 같아요. 꿈을 이루는 건 누구보다 잘하는 문제를 넘어 자신처럼 할 수 있느냐의 문제거든요.

제 직업이 작가잖아요. 그런데 저보다 글 잘 쓰는 작가는 얼마나 많은 줄 아세요? 하지만 저는 괜찮아요. 제 책을 읽는 분들이 음성지원이 된다, 옆에서 이야기를 해주는 것처럼 말한다고 하시는데요, 그게 제 문체 때문이거든요. 저는 제가 만든 입말체라는 문체를 써요. 입에서 이야기할 때 나오는 말투 그대로를 실은 문체죠. 저보다 글 잘 쓰는 작가는 아주 많겠지만, 저처럼 입말체를 만들어 쓰는 작가는 흔치 않을 거예요. 제가 톨스토이처럼 쓸 수는 없지만 톨스토이도 저처럼은 쓸 수 없다고 생각해요.

그래서 저는 어머님이 이렇게 말씀해주시면 좋겠어요. 경쟁자가 많고 어려운 과정을 거쳐야 꿈을 이룰 수 있다는 이야기와 함께, 경쟁보다 더 중요한 건 자신만의 스타일을 만드는 거라고요. 그 또한 쉬운 길은 아니지만, 남들이 걷는 꽃길보다 질퍽한 진흙길일 수 있지만, 그래도 자신의 발걸음으로 개척할 수 있는 길을 가면 된다고요. 그리고 꾸준히 하라는 말씀도 덧붙여주세요. 피카소가 남긴 명언 중에 "그림은 일기를 쓰는 또 다른 방법일 뿐"이라는 말이 있어요. 일기를 쓰는 것처럼 그림을 꼬박꼬박 그렸으니까 그런 말을 할 수 있는 게 아닐까요? 노력은 사라지지 않잖아요. 집 앞에 쌓인 눈처럼 소복이 쌓이죠. 어차피 눈이 쌓일

거면 꽃길보다 흙길이 더 예뻐요. 도시의 정원보다 시골의 마당
이 더 예쁘죠. 시골길이어도 자신만의 눈이 쌓이는 길을 가라고,
아이의 꿈을 응원해주세요.

4

이런 습관
괜찮을까요?

Q 게임을 너무 많이 해요. 하루에 한 시간만 하기로 약속을 했는데, 매번 안 지키네요.

A 게임을 많이 하고 있는 걸 보면 너무 걱정스럽죠. 그렇다고 아예 하지 말라고 하면 아이가 엇나갈까 봐 한 시간은 허락해 주었는데 매번 시간을 어기면 또 그게 힘들어지더라고요. 저도 그 마음은 너무 잘 알아요. 그런데 이해를 돕기 위해 우선 아이의 입장에서 말씀드릴게요. 부모와 아이가 두 단어에 대한 생각이 달라서 그래요. 무슨 단어냐고요? '많이'와 '약속'이요.

우선 부모님은 게임을 '많이' 한다고 생각하시지만 아이한테는 '조금'이거든요. 부모님은 게임을 한 시간만 하는 것도 '많이' 하는 거지만, 아이는 한 시간이면 게임을 너무 '조금' 한 것이에요. 실제로 게임을 해보면 한 시간은 그냥 로그인하고 들어가서 오늘 게임을 어떻게 할까 생각하고 탐색하다보면 끝나요. 그러니 아예 부모님과 아이의 기준이 다른 거죠. 그래서 아이가 하는 게임에 대한 이해가 필요해요. 이 게임은 로그인하고 들어가서 실제로 게임이 시작될 때까지 얼마만큼의 시간이 드는지, 한 게임이 끝날 때까지 얼마나 걸리는지요. 게임이라는 게 시작했다가 한 시간 하고 딱 끝낼 수 있는 게 아니거든요. 한판은 했다고 말할 수 있어야 게임을 한 건데 그게 게임마다 걸리는 시간이 달라요. 그러니 한 시간이면 적당히 하는 거라는 우리만의 생각에서 벗어나 아이가 하는 게임에 드는 시간을 알아보셔야 해요. 그리고 그 게임에 맞는 시간을 주시는 게 좋아요. 평균적으로는 두세 시간을 주면 되더라고요.

하지만 아이의 생각은 다를 수 있으니 '약속'에 대한 입장을 합의하셔야 해요. 부모님은 '약속'한 것이지만 아이는 '통보'받은 것일 수 있으니까요. "네가 게임을 많이 하니까 한 시간만 하기로 하자. 약속한 거야!" 그러면 아이는 "네, 알겠어요"라고 해요. 어차피 아니라고 해봤자 시간을 늘려주지는 않고 잔소리만 할 거라는 걸 알거든요. 그러니 아이의 입장에서는 얼른 대답하고 게임을 시작하는 게 현명한 거죠. 아이도 살면서 쌓인 지혜가 있으니까요. 그러니 물어보세요. 우리가 친구와 약속을 정할 때 언제 시간이 되는지, 장소는 어디가 좋은지 물어보고 서로 합의해야 약속이 형성되는 것처럼요.

"엄마는 네가 게임을 너무 많이 해서 걱정이 돼. 그래서 한 번 할 때 몇 시간 할지를 정했으면 좋겠는데 너는 몇 시간 하는 게 적당하다고 생각해?"

이렇게 물으면 이때다 싶은 아이들은 무조건 시간을 많이 늘려서 말하기도 해요. "열 시간이요!" 이렇게요. 눈치를 보고 미리 합의점을 찾는 아이들은 "세 시간이요!" 하고 적당히 말할 수도 있고요. 그러니 아까 말씀드린 것처럼 한 게임 하는 데 시간이 어느 정도가 필요한지 미리 알아보시고요, 이렇게 말씀해주세요.

"엄마가 보니까 한 게임 하는 데 두 시간은 필요한 것 같더라. 하지만 할 때마다 차이가 있을 수 있으니 세 시간 안에는 끝내는 걸로 하면 어때?"

이런 식으로 말씀하셔서 합의를 보고 진짜 약속을 하세요. 감시하지 말고 스스로 휴대폰 타이머를 맞춰두고 조절할 수 있게 유도해주시고요. 그렇게 약속을 해놓고 안 지키면 어떻게 하냐고요? 그건 당해낼 재간이 없죠. 우리도 학교 다닐 때 몰래 하는 걸 부모님이 어쩌지 못하셨잖아요. 하지만 약속을 지켰으면 좋겠다고, 믿는다고 말씀해주세요. 그래도 이렇게 솔직하게 합의를 거쳐 약속을 하면요, 매번은 아니더라도 자주 잘 지키려고 노력하더라고요. 그러니까 '많이'와 '약속'에 대한 생각을 우리가 결정하지 말고 아이와 의논하시면 좋겠어요. 실제 게임을 같이 해보시는 것도 좋아요. 그럼 공감대도 형성되고요, 대화 소재도 많아지고, 무엇보다 아이들 하는 게임이 생각보다 재미있답니다. 게임 속에서 치킨을 먹으러 가기고 하고요, 우리가 다치면 아이들이 와서 치료해주기도 해요. 직접 체험해보시면 한 시간 안에 끝내라는 말씀을 못하실 테니 아이가 더 좋아할 거예요.

Q 대화 중에 욕설을 했어요. 이럴 경우 어떻게 훈육해야 할까요?

A 너무 놀라셨죠? 그런데 제가 대답해드리기 전에 확인할 게 있어요. 아이가 한 말이 정말 욕설이었나요? 조금 황당한 질문으로 들릴 수도 있는데요, 요즘 부모님들이 욕이 아닌데 욕같이 들리는 신조어를 듣고 욕이라고 말씀하시는 경우가 아주 많아서요. 요즘 아이들 말이 잘 모르고 들으면 욕으로 들릴 수도 있거든요. 그게 어떤 말들이냐고요? 간단히 설명을 해드릴게요. '아주'를 대신해서 '개'나 '핵'을 붙여요. 개멋져, 핵멋져, 이렇게요. '존'

을 붙이기도 하죠. 아주 예쁘다를 '존예'라고 하거든요. 아주 맛있을 때 '존맛', 이걸 좀 더 귀엽게 '존맛탱'이라고 하고요. '존맛탱'을 발음 그대로 영어 약자로 만들어 JMT라고도 하죠. JMT를 또 발음 그대로 읽어 즘트라고도 해요. TMI라는 약자도 있어요. 토크를 많이 하는 사람, Too Much Talker의 약자죠. 우리 애들이 영어를 배우긴 배운 모양이에요. (웃음)

그리고 그냥 줄임말도 욕으로 들리기도 해요. '뻐카충' 하면 욕 같이 들리죠? 그런데 이 말은 버스 카드 충전을 말하는데요, 각 단어의 앞 글자를 따서 줄인 말이에요. '마상'도 '말머리'가 아니라 '마음의 상처'를 줄인 말이고요. '갑분싸'도 '갑자기 분위기 싸해진다'의 줄임말이죠. 우리가 아이스 아메리카노를 '아아', 뜨거운 아메리카노를 '뜨아'라고 하는 것처럼요.

저야 하도 청소년들과 대화할 일이 많으니 이런 말들이 어색하지 않은데요, 이런 말들을 처음 접하시는 어른들은 새로운 욕으로 들리는 경우가 있는 모양이에요. 그래서 아이가 한 말이 정말 욕인지 이런 신조어인지 우선 여쭤본 거예요. 만약 이런 말일 경우에는 그냥 놔두세요. 애들은 그렇게 이야기하며 노는 거거든요. 요즘 애들이 놀 게 없어요. 오죽하면 여자 고등학생 두 명이 저에게 와서 "쌤, 우리 양말 똑같이 맞췄어요!" 하고 즐거워하며 웃겠어요. 놀 시간도 없고 놀 것도 없으니 그러고 놀아요. 그러니 그냥 그런 말을 만들고 쓰며 노는 거라고 생각해주세요. 부모님이 그런 말을 배워서 같이 하시는 것도 좋아요.

작은 딸   엄마, 여기 떡볶이 존맛탱!

큰 딸   진짜 존맛!

나   JMT라니! 부럽다! 난 속초 고터에 있던 롯리의 감튀가 넘 먹고 싶었는데 버스 안에서 냄새 풍기면 넘 예의 아닐 거 같아서 참았어. ㅠㅠ

큰 딸   핵슬프겠네.

작은 딸   얼른 서울 와서 감튀 드세요.

나   응응응!

이게 제가 딸들하고 오늘 나눈 카톡이에요. 여기서 '존맛탱'과 '존맛' 'JMT'는 앞에서 설명드렸던 말이죠? 네, 다 같은 말이에요. 아주 많이 맛있다는 뜻이죠. 그리고 나머지는 줄임말인데요, 고터는 고속터미널, 롯리는 롯데리아, 감튀는 감자튀김이고요. '슬프겠네'에 핵을 붙이면 '아주 슬프겠네'가 되는 거예요. 제가 워낙 이런 언어가 익숙해져서 저도 모르게 나오기도 하지만, 저는 일부러 청소년들과 이런 말들을 더 쓰기도 해요. 같은 언어를 쓰는 건 동질감을 주고 소통이 더 잘되는 느낌을 주거든요. 그러니 몇 가지는 배워서 같이 쓰시기를 권해드리려요.

그런데 만약 이런 줄임말이 아니고 진짜 욕이었다면 그건 아이에게 솔직히 말씀해주세요. 왜 욕을 쓰지 않았으면 좋겠는지, 부모님의 생각을 말씀해주시면 돼요. 저는 보통 이렇게 말해요.

"친구들 사이에 있으면 그런 말을 자연스럽게 배워서 너도 모르게 쓸 수 있다는 건 이해해. 하지만 걱정이 돼. 욕을 쓰면 남보다 네가 먼저 듣는 거거든. 너의 귀로 제일 먼저 들어가 마음에 좋지 않은 영향을 줄 수 있다고 생각해. 그게 엄마는 걱정이 돼."

이렇게 이야기하면 안 쓰려고 노력하는 아이들도 있고, 관계없는 이야기로 흘려듣는 아이들도 있긴 하지만, 그래도 "하지 마!"라고 하는 것보다는 의사전달이 되니까요. 부모님의 생각을 솔직히 말씀해주시면 좋겠어요. 안 되는 건 안 되는 거잖아요. 사실 줄임말 중에서도 안 썼으면 좋겠다는 생각이 드는 말도 있어요. '발암캐' 같은 거요. '암을 유발하는 캐릭터'라는 뜻인데요, 이건 정말 암환자들이 들으면 너무 슬플 것 같고, 한 사람을 암을 유발하는 사람이라고 하는 건 그 어떤 욕보다 심한 욕 같기 때문이에요. 저는 그런 말은 안 썼으면 좋겠다고 말해요. 그럼 아이들은 그 단어는 안 쓰려고 노력하더라고요. 대부분 그런 말들은 아이들이 만든 게 아니라 어른들이 하는 말을 아이들이 따라 쓰는 거예요. 이런 점이 아이들에게 미안하지만 이미 배웠다고 해서 아닌 걸 맞다고 할 수는 없으니까요.

정리해드릴게요. 아이들이 놀이로 하는 줄임말이나 신조어는 허용해주세요. 함께 쓰는 것이 가능한 말들은 같이 사용해서 소통의 도구로 사용하시고요. 진짜 아니다 싶은 말은 무조건 하지 말라고 하는 것보다 하지 말라고 하는 이유와 함께 하지 말았으면 좋겠다는 의사를 전달해주세요.

 유튜브에 빠져서 살아요. 어쩌면 좋을까요?

의외로 정말 아이들이 놀 게 없어요. 하지 말라고 말만 할 게 아니라 그걸 하지 않으면 대체할 수 있는 뭔가를 만들어줘야 하는데요, 우리도 그게 없죠. 학교 갔다 학원 갔다 바쁜 일상의 아이들이 잠시 짬이 날 때 놀 수 있는 것이 유튜브밖에 없다는 걸 우리도 아니까요. 아예 하지 말라는 건 아니지만 너무 많이 하면 걱정이 되는 것도 사실이고요.

그래서 저는 유튜브 채널을 만들었어요. 아이들의 고민이나 아이들에게 하고 싶은 말을 영상으로 만들어 올리기 시작했죠. 사실 다른 유튜브 채널보다는 재미없는데요. 그래도 원래 알던 선생님이고, 제 강의를 듣거나 저와 상담을 한 친구들은 힘들 때 도움이 된다고 해서 열심히 영상을 만들어 올려놓고 있어요. 예상치 못한 효과도 있었어요. 매번 유튜브로 야한 동영상을 찾아보던 녀석이 제 유튜브를 보다가 야한 동영상을 보는데, 거기서 제가 "안녕, 오징어들!" 하고 튀어나올 것 같더래요. 그래서 이제 야한 동영상을 못 볼 거 같다고 고백하더라고요. "안녕, 오징어들!"은 제가 아이들에게 하는 인사거든요.

그래서 저는 부모님들이 유튜브를 보셨으면 좋겠어요. 맞불작전이 아니고요, 직접 보시고 어떤 것이 건강한 영상인지 확인을 해주세요. 우리는 보지 않는데 아이가 보고 있는 것만 보니 자극적인 건 아닐까, 위험한 영상은 아닐까 걱정만 되시잖아요. 그런데 직접 보면 정말 재미있고 유익한 영상도 많거든요. 그러니 직접 보시면 안심이 되는 효과도 있고요. 아이가 좋아하는 유튜버를 물어보시고, 혼자 계실 때 보세요. 그중에서 재미있거나, 이야기하고 싶은 내용을 찾아서 아이가 오면 그것에 대해 이야기하세요. 그럼 아이와 대화의 도구도 되고 아이도 부모님과 나눌 이야깃거리가 생기니 좋아한답니다. 친구들에게 "우리 엄마는 우리가 보는 유튜브 본다!"는 자랑도 할 거예요.

한편 아이가 유튜브를 볼 때 설거지하거나 텔레비전 보거나 다른 일을 하지 마시고 같이 보시는 것도 좋아요. 사실 영상은 일방통행으로 다가오기 때문에 무분별하게 흡수될 수 있거든요. 그런데 아이와 같이 보며 반응하고, 대화하면서 영상을 보면 일방적으로 흡수되는 걸 막을 수 있어요. 아이가 영상을 혼자 보면 마치 빨려들어가는 것 같지만, 같이 보면 그런 느낌은 없잖아요. 이

같은 이유로 같이 보면 좋은데 사실 우리도 할 일이 많으니 그게 잘 안 되죠. 그런데 그 할 일 미뤄두셔도 큰일 나지 않는 거, 아시죠? 설거지야 뭐, 쌍둥이 빌딩처럼 쌓였다가 63빌딩이 되겠지만 그거 좀 더 쌓인다고 지진 일어나는 거 아니잖아요. 집으로 가지고 온 업무가 있다고 해도 아이랑 영상 20분 본다고 못하는 거 아니고요. 아이들이 보는 영상은 5분 넘어가는 게 별로 없어서 20~30분만 같이 보셔도 몇 편을 볼 수 있어요. 그러니 지금 당장 하지 않으면 큰일 나는 일이 아니라면 아이와 함께 시청해주세요. 그럼 저녁을 먹을 때 그 이야기를 하며 더욱 즐거운 식사를 할 수도 있어요. 공통 소재가 생기면 대화가 풍성해지잖아요.

Q 자존감과 자신감이 부족해요. 착한 심성만으로는 험한 세상을 살아가기 힘들지 않을까요?

A 그럼 자존감과 자신감을 걱정하기보다 착한 심성인 걸 감사하면 어떨까요? 자존감과 자신감은 있는데 착하지 않으면 그것도 문제가 되거든요. 우린 그렇잖아요. 있는 건 당연하고 없는 건 문제가 되죠. 신발을 사면 그것에 맞는 가방이 없고 가방을

사면 그것과 어울리는 옷이 없는 것처럼요. 그러니 우선 우리에게 있는 걸 감사하는 게 더 낫다고 생각해요. 착하지 않으면 그게 문제일 텐데, 착하니까 그게 문제가 아니죠, 대신 다른 문제를 보게 되는 거예요. 그런데 자존감과 자신감도 없고 착하지도 않은 것보다 훨씬 감사할 일이잖아요. 그러니 우선 착한 심성인 걸 감사하는 마음부터 가지시면 좋겠어요.

그다음은 자신감에 대해서인데요, 우선 어머니가 먼저 자신감을 가지시길 부탁드려요. 보통 아이의 자존감은 엄마의 마음과 연결이 되거든요. 엄마가 거울을 보며 "난 왜 이렇게 살찌고 늙었지"라고 한탄하고 싫어하면 아이도 그 마음을 느낄 수밖에 없어요. 엄마가 자신을 싫어하고 자신감을 가지지 않는데, 아이가 자신감 있는 사람으로 자랄 수 있을까요? 그건 어려워요. 진정한 교육은 가르침이 아니라 삶이니까요. 엄마부터 자신감을 가지세요. 거울을 보며 "나이 먹었는데 이 정도면 참 예쁘지" 하시면 좋겠어요. 어차피 거울에 비친 건 난데 이왕이면 긍정적으로 말해주는 게 좋지 않겠어요? 남도 아니고 나잖아요. 우리는 보통 나를 더 함부로 대하고 남을 더 대우하지만, 저는 그게 참 별로예요. 우리가 평생 같이 사는 건 '나'잖아요. 남에게 좋은 말 해주는 것도 좋지만, 평생 같이 살아가야 할 '나'에게도 좋은 말을 많이 해주자고요. 엄마가 자신을 사랑하고 존중하는 걸 보고 자란다면, 아이에게 자신감은 배워야 하는 단어가 아니라 당연한 삶의 태도가 될 거라고 생각해요.

자존감도 그래요. 자존감은 있는 모습 그대로 사랑해주는 마음으로 생성되죠. 아이를 있는 모습 그대로 사랑해주세요. 그보다 먼저 어머니 자신이 있는 모습 그대로 사랑받는 사람이라고 생각하셔야 해요. 팔뚝이 너무 굵다고요? 에이, 그게 뭐 어때요? 팔뚝이 얼마나 비싼 팔뚝인데요. 몇 칼로리나 투자해서 만든 팔뚝인데 그걸 미워해요. 우리 살이 왜요? 사실 우리가 살을 못 빼는 게 아니라 안 빼는 거잖아요. 너무 비싼 살이니까요. 이 살을 찌우려고 얼마나 많은 돈을 투자했는데 없애겠어요. 돈을 들여서 찌운 살을 왜 싫어해요? 우리, 돈 모아서 산 가방은 사랑하잖아요. 그럼 돈 들여서 찌운 살도 사랑해야죠.(웃음) 우리 스스로 자신의 있는 모습 그대로를 사랑하면, 아이도 그 마음을 닮아 자존감 있게 살아갈 수 있다고 생각해요. 그러니 우리 자신부터 자존감 있는 사람이 되면 좋겠어요.

Q 아이가 편식을 해요. 좀 크고 나면 괜찮아질 줄 알았는데 중3인데도 여전하네요. 편식을 고칠 방법은 없을까요?

저는 아이들의 영양 문제를 전문적으로 상담하는 사람이 아니라 명쾌한 답변은 못 드리겠어요. 하지만 이 질문 또한 제 방식대로 말씀드릴게요.

보통 아이의 편식을 걱정하는 건, 정말 편식이 걱정된다기보다 우리가 먹이고 싶은 음식을 안 먹을 때 시작되곤 하죠. 골고루 먹지 않는 것도 그렇지만, 정말 몸에 좋은, 그래서 내가 먹이고 싶은 음식을 아이가 먹지 않을 때 답답하잖아요. 그런데 다르게 생각하면 아이가 그 음식을 먹지 않는다고 큰일이 나지는 않아요. 오히려 먹기 싫어하는 음식을 먹으라고 강요하면, 그게 아이의 마음을 해치는 큰일이 되죠.

사실 아무리 잘 먹는 사람도 싫어하는 음식 한두 가지는 있잖아요. SNS에 오이를 싫어하는 사람들의 모임을, 오이를 싫어하는 누군가가 만들었어요. 그런데 그 모임에 사람들이 하나둘 모이기 시작하더니 회원 수가 10만 명에 이르렀죠. 김밥에서 오이를 빼고 먹는 내 친구는 한 명인데 여기저기에서 모이니 그렇게 많은 거예요. 아마 그 회원들은 부모님으로부터 오이 좀 먹어라, 오이가 얼마나 몸에 좋은지 아니, 라는 소리를 많이 들었을 거예요. 그 부모님들도 아이가 크면 오이를 먹을 거라 믿었을 텐데 아니어서 실망을 하셨겠죠. 하지만 그 회원들이 오이를 안 먹는다고 큰일이 나지 않았어요. 여전히 오이를 먹지 않을 뿐, 변함없이 누군가의 자녀죠. 누군가의 아버지가 되고 어머니가 되었고요. 어느 회사의 직원이고 어느 대학의 학생이 되었어요. 그러니 그걸 먹지 않아 걱정하시는 것보다 그걸 먹지 않아도 괜찮다고 생각하시는 게 좋지 않을까요? 그리고 그 입맛이 영원하지도 않잖아요.

저희 큰딸이 진짜 안 먹었어요. 유치원 알림장에 매번 '오늘도 밥을 다 안 먹었어요'라고 적혀 있었을 정도였죠. 그런데 중2 겨울방학 때부터 아이가 다른 사람으로 바뀌었나 싶게 많이 먹더라고요. 그러더니 반에서 키 번호 1, 2번을 못 벗어나던 아이가 8센티미터나 키가 크고, 지금은 저보다 더 커요. 편식하는 게 너무 많아서 오히려 먹는 걸 찾는 게 쉬웠던 녀석이 지금은 안 먹는 걸 찾는 게 더 쉬워졌죠. 저는 정말 잘 먹는 편인데, 그래도 싫어하는 음식이 있었어요. 예를 들면 콩국수요. 엄마가 왜 콩국수를 먹는지 이해할 수가 없었죠. 그런데 요즘은 콩국수를 정말 좋아해요. 엄마가 돌아가시고 나서야 콩국수를 좋아하게 되었어요. 엄마가 그리워서 일부러 먹은 건 아니었고요, 그냥 어느 날 먹게 된 콩국수가 너무 맛있어서 계속 먹게 된 거죠. 아이가 지금은 먹지 않아도 언젠가는 먹게 될지도 모른다는 말씀이에요. 입맛은 변하니까요.

물론 아이가 치료를 받을 정도로 심각한 편식을 한다면 그건 병원 진료를 받으셔야 해요. 아이에게 맞는 치료 방법을 찾아야 하고요. 하지만 엄마가 먹이고 싶은 걸 안 먹는 거라면, 그저 몇 가지를 안 먹는 게 걱정되시는 거라면, 그건 편식이라기보다 자신이 좋아하고 싫어하는 걸 확실히 아는 것 아닐까요? 그렇게 생각해주셨으면 좋겠어요.

Q 자주 우는 아이 어떡할까요? 저희 딸은 어렸을 때부터 잘 울었어요. 좀 크면 나아질 줄 알았는데 아니에요. 잘 우는 아이, 마음이 단단해지는 방법은 없을까요?

A 잘 우는 아이가 마음이 약한 걸까요? 단단한 아이는 울지 않을까요? 저는 '잘 우는 아이=약한 아이'라고 생각하지 않아요. 마음이 약함을 눈물로 표현할 수 있겠지만 그렇지 않을 수도 있고요. 마음이 약해서 눈물이 나올 때도 있겠지만 그렇지 않을 때도 있으니까요. 저는 잘 우는 아이를 울지 않도록 해야 한다는 생각보다 잘 우는 아이를 그 모습 그대로 인정해주셨으면 좋겠어요.

상담을 하다보면 여자아이들보다 남자아이들이 눈물을 참는 경우가 더 많아요. 왜 그러냐고 물어보면 "남자는 울면 안 되잖아요"라는 대답을 해요. "남자는 사람 아니야? 사람은 다 울 수도 있는 거지, 남자는 안 되는 게 어디 있어. 울어도 돼"라고 말해주면 그제야 눈물을 터뜨리곤 하죠. 이런 현상 또한 '잘 우는 아이=

약한 아이'라고 단정 지어서 생기는 문제가 아닐까요? 약해서 눈물을 흘리는 건데 남자는 약하면 안 된다는 생각으로 "남자는 울면 안 돼", "남자는 강해야 돼. 그러니까 울면 안 돼" 이런 말을 서슴지 않고 하는 어른들이 있어요. 성차별 발언이기도 하지만, 그 이전에 말이 안 되는 거잖아요. 눈물도 신에게 받은 소중한 감정 표현인데요, 그걸 왜 무조건 막는 거죠? 잘 우는 아이는 약한 아이가 아니라, 눈물로 감정 표현을 잘하는 아이라고 생각해요.

　사실 저도 어렸을 때부터 진짜 잘 울었어요. 그래서 "왜 울어?"라는 질문을 많이 받았죠. 항상 그 대답이 어려웠어요. 솔직하게 "잘 모르겠어요"라고 대답하면 혼이 났거든요. 이유도 잘 모르면서 왜 우냐고 말이에요. 자꾸 울면 복이 달아난다고, 울지 말라고 하셨죠. 그 꾸중이 효과는 있었어요. 확실히 눈물이 줄긴 했거든요. 그런데 돌이켜보면 그건 효과가 아니었어요. 정말 복이 달아날까 봐 두려워서 울음을 참은 거였거든요. 어린 저의 생각에도 저는 참 복이 없었는데 그나마 다가오던 복도 달아난다면, 그게 제가 울었다는 사실 때문이라면 너무 속상할 거 같더라고요. 그러니 울지 말라는 말은 결국 효과가 없었던 거죠. 저는 똑같이 자주 울고 싶었고 그걸 참으니 어느 순간 가슴이 조여오듯 아팠어요. 그래서 엄마한테 복이 달아나지 않는다고 말해달라고, 울어도 된다고 말해달라고 졸랐어요. 엄마는 양보하지 않았죠. 엄마는 그렇게 약하면 세상을 살기 힘들다고 했어요. 물론 세상 살기는 힘들죠. 그런데 그건 제가 자주 울었다는 사실과 관계없는 거잖아요. 그리고 저는 지금도 잘 울어요. 저는 청소년들이 찾아와 아픔을 이야기하면 같이 울어요. 참 신기하게도 같이 울어주는 사람이 있다는 사실에 아이들은 힘을 내요. 그래서 저는 잘 우는 것이 장점이라고 생각해요. 공감과 감정의 표현이라고 생각하죠. 노력해도 공감이 잘 안 되는 사람도 있고, 감정 표현이 어려운 사람도 많잖아요. 그런데 저는 그걸 타고났다고 생각하니 얼마나 감사한지 몰라요.

아이가 자주 울지 않는다고 단단해지는 건 아니에요. 아이는 다른 단단함을 타고났을 거예요. 그러니 울지 말라고, 우는 건 약한 거라고 하지 마시고, 잘 우는 아이의 모습까지도 사랑해주세요. 운다고 약한 건 아니고, 강하다고 울지 않는 건 아니니까요.

Q 아이 문제로 소문이 날까 봐 두려워요. 사실 지인의 질문인데요, 그 사람이 좀 유명인이에요. 그런데 아이가 문제를 일으키곤 한답니다. 지인은 그런 소문이 나는 걸 걱정하고 있고요. 바쁜 와중에도 아이에게 정성을 쏟는 걸 제가 알기에 참 안쓰러워요. 어떻게 하면 좋을까요?

한번은 제가 품던 아이가 문제를 일으켜 경찰서에 간 적이 있어요. 보호자가 와야 합의를 할 수 있으니 아버님께 연락을 드렸죠. 아버지는 좋은 직업을 가진 유명인이셨어요. 그 아버지의 한마디가 아직도 선명해요.

"제가 얼굴이 있는데 어떻게 거길 갑니까?"

그때 정말 힘들었답니다. 뭐가 중요한 걸까, 싶더라고요. 아이의 문제가 더 중요해야 하는 거 아닌가요? 그런데 시간이 지나고 나니 그 아버지의 입장도 이해가 되더라고요. 사람들은 말하길 좋아하고, 노출된 사람들은 말의 소재가 되기 쉬우니까요. 자신이 요리될 걸 알면서도 스스로 도마 위에 오르는 생선은 없을 거예요. 하지만 그래도 아이의 문제에 더 집중해주셨으면 어땠을까 하는 아쉬움은 남아요.

지인분도 두려울 거예요. 자신에게 문제가 있는 것처럼 비쳐질까 봐 더 그렇겠죠. 실제로도 부모에게 문제가 있을 때 그 아이에게도 문제가 있는 경우가 많아요. 하지만 아이에게 문제가 있다고 부모에게 문제가 있는 건 아니에요. 부모가 알려진 사람의 경우, 아무래도 한쪽으로 몰리기 쉽긴 하죠. 아이한테 문제가 있으니 부모에게도 무조건 문제가 있다는 쪽으로요. 참 슬픈 일이죠? 우리나라는 아직도 "가정교육을 어떻게 받은 거야?"라는 말을 서슴없이 하잖아요. 그 말은 아이의 잘못을 부모에게 돌리는 말이지요. 아이도 괴롭게 하고 부모도 괴롭게 할 뿐만 아니라 잘

못의 원인을 가정교육으로 돌려버리니 해결방안을 찾을 수도 없게 하는 나쁜 말이에요.

물론 아까 말씀드린 것처럼 부모의 문제가 온전히 아이에게 옮겨진 경우를 아주 많이 봐요. 하지만 부모를 탓한다고 문제가 나아지지는 않잖아요? 저는 그것에 주목해야 한다고 생각해요. 지난 일을 후회해봤자 소용이 없으니까요. 이미 엎질러진 물이라면 지금 정수기가 어디 있는지 찾는 게 더 중요하지 않을까요? 아이의 현재를 인식하고 지금부터 어떻게 할 것인가를 고민해야 해요. 그러려면 부모와 아이를 분리해서 생각해야 하죠. 아이는 가정교육을 받아야만 사람이 되는 게 아니라, 아이는 이미 한 사람이랍니다. 유명인의 딸은 유명인이 아니에요. 목사님의 딸은 목사님이 아니고요. 범죄자의 딸도 범죄자가 아니죠. 누군가의 자녀를 떠나 아이는 이미 한 사람이에요. 누구보다 먼저 그 지인 분이 그렇게 생각하고 아이를 한 사람으로 보셔야 해요.

그리고 또 중요한 건 자신의 두려움을 정확히 보셔야 한다는 거예요. 그 두려움이 아이가 잘못될까 봐서인지, 소문이 날까 봐서인지 정확히요. 소문이 날까 봐서라면 그 마음은 버리세요. 지금 두려워할 것은 '아이가 잘못될까 봐서'여야 해요. 자칫 아이가 부모의 두려움이 자신보다 소문에 집중되어 있다는 걸 알면 큰 상처가 될 거예요. 부모가 그런 말을 하지 않아도 아이는 이미 알거든요. 사람들이 "그 사람 자식인데 왜 그래?" 혹은 "그 사람 자식이라서 그래!"라고 수군거리고 있다는 걸요. 그 수군거림을 듣는 아이들의 고통은 사랑하는 사람이 인질로 잡혀 있지만 아무것도 할 수 없는 만큼의 고통이에요. 온 마음이 따갑죠. 그런데 부모님이 자신의 미래가 아닌, 그 소리들에 더 걱정하고 있다는 걸 알면 너무 괴롭고 아플 거예요. 유명하신 분이고 소문을 두려워하는 마음, 충분히 이해합니다. 하지만 아이가 자신의 아이이기 때문에 일으킨 문제가 아님을 인식하고 아이라는 한 사람으로 봐주셔야 해요. 그리고 아이에게 있는 문제를 해결하기 위해 고민해야 해요. 그래야 자신에게 화살을 돌려 스스로 다치는 일을 막을 수 있어요. 그리고 소문보다 아이가 중요함을, 오롯이 아이를 걱정하고 있음을 표현해주세요.

그날 제가 경찰서에서 전화를 했을 때 그 아버님이 바로 오셔서 경찰과 피해자에게 사과를 하고 합의를 진행하셨다면 어땠을까요? 물론 누군가는 뒷말을 할 수도 있었을 거예요. 하지만 해결하는 모습을 보며 유명한 사람인데 대단하다고 좋은 말을 하는 사람들이 더 많지 않았을까요. 비교적 많은 사람들이 알고 있거든요. 아이 문제는 마음대로 되지 않는다는 걸. 문제가 일어났다는 사실보다 문제를 대하는 자세가 더 중요하다는 걸 말이에요.

Q 정신과 치료를 권유받았어요. 상담사님이 그게 좋겠
다고 하셔서요. 그런데 상담은 몰라도 정신과는 두렵습니다.

A 저도 같아요. 아이를 상담하고 있지만 전문적인 치료가 필
요하다고 판단되면 정신과 치료를 권합니다. 그런데 부모님들이
편견을 가지고 계신 경우가 많아요. 정신과 가기를 꺼려 한다는
것 자체가 편견이죠. 얼마 전에도 저에게 "정신과를 어떻게 가
요?" 하고 물으신 부모님께 "걸어서 가시면 돼요"라고 말씀드렸
어요. 정말 걸어서 가시면 됩니다. 거리가 멀면 지하철이나 버스
를 타고 가시면 되고요. 몸에 감기가 걸리면 병원에 가듯 마음에
감기가 걸리면 병원에 가야 한다고 생각해요. 내과에 가는 걸 어
떻게 가냐고 묻지 않듯 정신과에 가는 것도 묻지 않고 위치를 알
아본 후 가시면 되거든요. 그런데 많이 두려워하시죠. 무엇보다
기록에 남을까 걱정하시는 마음이 크더라고요. 하지만 두려워하
지 않으셔도 돼요. 정신과를 방문해 상담만 받는 경우, 청구기록
이 남지 않도록 이미 오래전에 제도가 개선되었어요. 정신과 질
병 상병코드인 F 코드 이외에 '정신과 상담'만 받는 사람들에 한
하여 일반 상담 청구 코드인 Z 코드가 개발됐거든요. 저에게 상
담을 받는 것처럼 의사에게 상담을 받는다고 가볍게 생각하셨으

면 좋겠어요. 물론 기록은 남아요. 의사는 자신이 진료한 내역을 기록하게 되고 당연히 의료법에 따라 보관을 해야 하니까요. 하지만 영원히 보관되는 게 아니고 일정 기간이에요. 제가 알기로는 5년인데요, 그 기간 동안 보관되지만 본인의 허락 없이는 아무도 볼 수 없어요. 설령 보호자라고 해도 위임장이나 해당 서류가 없으면 기록을 볼 수 없답니다. 사보험 가입 시 보험회사가 치료 내역을 다 볼 수 있다고 생각하지만 아니에요. 개인정보보호법에 의해 진료 기록은 엄격하게 관리되고 있어요.

또 아이의 미래에 결격사유가 될까 봐 걱정하시기도 하죠. 물론 조현병이나 극심한 우울증, 조울증 등의 진단을 받으면 공무원 시험을 보는 데 일부 제한을 받을 수는 있어요. 하지만 그 밖의 정신과 질환은 문제가 되지 않아요.

정신과를 부정적으로 다룬 드라마나 영화를 보고 그게 사실이라고 생각하시는 분도 봤어요. 물론 그런 이상한 곳이 있을 수도 있죠. 하지만 대부분의 정신과는 그렇지 않아요. 뉴스에서 보듯이 사회엔 사이코패스가 있지만, 우리 다 사이코패스는 아니잖아요. 그것처럼 이상한 병원이나 의사가 있지만 극히 일부인 거죠. 좋은 병원과 의사를 잘 알아보고 가실 거잖아요. 그리고 바로 입원을 시키는 것도 아니고, 상담과 치료를 받으러 가는 거잖아요. 물론 부모님이 동행하실거고요. 그러니 안심하셔도 돼요. 정신과에 간다는 것 자체를 창피하게 생각하시는 분도 봤어요. 창피

할 일도 아니지만 창피하다고 해도 그 창피함보다는 아이의 건강
이 더 중요하잖아요. 그럼 그런 창피함은 눈 질끈 감고 지워버리
시면 좋겠어요. 부모님이 거부해서 치료가 늦어지는 바람에 병이
깊어지는 아이도 많아요. 아이를 위한 선택을 해주세요. 몸에 수
명이 있듯, 마음도 수명이 있어요. 몸을 건강하게 관리해서 좀 더
오래 살고 싶어 하는 사람은 많은데, 마음의 수명을 관리해서 건
강한 정신을 가지려는 사람은 적죠. 그런데 마음의 수명도 중요
하답니다. 몸의 수명은 명이 다해 죽음을 맞이하지만 마음의 수
명은 죽음을 끌어당겨 곁에 두게 되거든요. 마음의 건강도 수명
도 중요하게 여기고, 바른 선택을 하시길 바랍니다.

Q 정리 정돈을 안 해요. 자기 방을 어쩜 그렇게 매일 엉
망으로 만드는지 모르겠어요.

A 이건 좀 찔리는 상담이에요. 사실 저도 정리를 정말 못하
거든요.
"정리만 잘하면 작가도 될 수 있겠다."
아버지가 저에게 자주 하셨던 말씀이에요. 그런데 저는 여전

히 정리를 못하지만, 작가는 되었답니다. 안 되는 건 진짜 안 되는 거 아닐까요?

제가 어머니처럼 따르는 어른이 계세요. 그분은 저에게 가끔 반찬을 만들어주세요. 반찬이 정말 맛있어서 매번 제가 잘 먹거든요. 그럼 그분이 하시는 말씀이 있어요. "먹고 싶은 거 있으면 언제든지 이야기해. 그런데 낙지볶음은 빼고." 요리를 정말 잘하시는 분인데도 낙지볶음은 평생 잘 안 된대요. 안 되는 건 안 되는 거니까요.

우리는 그렇잖아요. 우리 아이가 그것만 잘하면 더 나을 것 같은데, 그것을 잘 못하니 제발 그것만 잘해라 하게 되죠. 그런데 어쩌면 그건 그 아이로서는 절대 안 되는 것일 수도 있다는 생각, 안 해보셨나요?

부모 강의에 오시는 분들을 보면 보통 십대 자녀를 둔 부모님들인데, 가끔 어르신들이 보이는 경우도 있어요. 손녀를 양육하는 어르신들이 도움을 받고자 찾아오신 거죠. 얼마 전에 부모 강의 중 2회 차때 오셨던 어르신이 그러시더라고요.

"작가님이 안 되는 건 안 되는 거라고 해서 내가 둘째 딸에게 20년 동안 하던 잔소리를 안 했어. 꼭 출근할 때 드라이기를 서랍 밖에 내동댕이치고 가는데 그것만 좀 넣고 가라고 20년 동안 잔소리를 했거든. 근데 강의를 듣고 보니 그게 우리 딸로서는 안 되는 것일 수도 있겠더라고. 그래서 잔소리를 안 했더니 글쎄, 내

맘이 편하지 뭐야. 손녀딸 보는 데 도움이 될까 하고 왔더니 다 큰 딸내미 보는 데 도움이 됐네."

저는 안 되는 건 안 되는 거라고 생각해요. 어머님도 안 되는 건 안 되는 거구나, 하고 생각을 해보시면 어떨까요? 위의 어르신처럼 실천도 해보시고요. 그럼 오히려 마음이 편해지실 거예요. 사실 정리 좀 하라고 소리 질러봤자 우리 입만 아프잖아요. 그럴 땐 또 좋은 방법이 있어요. 오히려 칭찬을 해보는 거예요. "어머, 어쩜 너는 이렇게 창의적이니? 방이 매일 다르게 바뀌네. 예술가 기질이 있나 봐." 이런 칭찬, 어떨까요?

저는 아직도 방 정리를 잘 못해요. 이 글을 쓰고 있는 지금도 책상 위에 노트북, 다이어리, 휴대폰, 생수, 필통이 다 널려 있고, 책도 7층탑으로 쌓여 있답니다. 저는 이렇게 글 쓰는 데 필요하거나 현재 읽고 있는 책들이 한눈에 보여야 작업을 할 수 있거든요. 정리만 잘하면 작가가 될 수 있는 게 아니라, 정리를 잘 못하는 작가가 된 거죠, 뭐. 안 되는 건 안 되는 거더라고요.

Q 아이가 학교를 그만두고 싶대요. 어쩌죠? 그럼 안 되잖아요.

어머님, 그게 왜 안 될까요? 의무교육이라서요? 그럼 그 의무는 누가 정했을까요? 아이 스스로 정한 게 아니잖아요. 그러니 아이가 꼭 학교를 다녀야 한다거나, 절대 학교를 그만두면 안 된다거나 하는 생각도 어른과 사회가 정한 의무 안에서만 유효한 거예요. 너무 놀라셨겠지만 여러 가지 문제를 보고 겪는 저로서는 아이가 절대 안 되는 말을 한 거라고 생각하지 않아요. 죄송하지만 그렇게 큰 문제라고도 생각하지 않고요.

청소년기는 자신의 정체성을 찾아가는 시기입니다. 왜 학교를 다니는지, 내가 꼭 학교를 다녀야 하는지, 나는 누구인지에 대해 끊임없이 생각해보는 시기죠. 그런 생각을 하는 게 전혀 이상하지 않은 시기이기도 하고요. 아이는 자신을 찾아가는 중인 거예요. 학교를 꼭 그만두겠다는 게 아니라, 그만둘 수도 있지 않겠냐는 생각을 해보는 거예요. 그런데 어머니가 이렇게 놀라시면 아이도 굉장히 놀랄 거예요. 그러니 침착하게 마음을 가라앉히고 아이에게 물어보세요. "네 나이 때는 그런 생각을 충분히 할 수 있지. 그런데 왜 그런 생각이 들었어?"라고요. 아이와 대화를 이어나가다보면 알 수 있어요. 정말 문제가 있어서인지, 그냥 해본 말인지, 자신의 미래를 고민하다가 내린 결론인지요. 문제가 있다면 그걸 함께 해결하면 되고요, 그냥 해본 말이라면 얼마든지 그럴 수 있다고 공감해주시면 돼요. 정말 진지하게 내린 결론이라면 어머니도 함께 진지하게 고민해주시고요.

무엇보다 학교를 그만둔다고 해서 큰일이 나지 않는다는 생각을 해주셔야 해요. 요즘은 대안교육도 많고, 홈스쿨링을 택하는 가정도 많아요. 꿈을 빨리 이루기 위해 검정고시를 택하는 청소년들도 많고요. 오히려 건강한 가정에서 그런 선택들을 하는 경우가 아주 많죠. 학교를 그만둔다고 색안경을 끼고 보는 시대는 지났어요. 그럼에도 양가 부모님이나 어른들은 걱정하시겠지만 어쩌겠어요. 아이가 살아가는 삶이지, 누가 대신 살아줄 수 있는 삶이 아닌 걸요. 너무 걱정하지 마시고 아까 제가 말씀드린 대로 차분하게 물어보세요. 그냥 한번 물어본 걸 부모님이 너무 예민하게 반응하고 단번에 판단해서 상담을 하러 오는 아이들도 많습니다. 아이가 문구용 칼로 종이를 자르고 있는데, 위험하다고 저리 치우라고 소리 지르면 안 되잖아요. 그러니 어머니의 마음을 가라앉히시는 게 먼저입니다.

Q 학원을 자주 빠져요. 한 달에 몇 번씩 안 가네요. 안 그러겠다고 하고는 자꾸 빠지는데, 혼내도 소용이 없어요. 어떻게 해야 할까요?

우선 학원을 빠지고 싶어 하는 아이의 마음은 이해하시는 거죠? 얼마 전에 한 어머니는 절대 이해가 안 된다고 하시더라고요. 아이가 학원에 보내달라고 해서 보낸 건데 왜 빠지냐는 거예요. 그래서 제가 말씀드렸어요.

"저는 글 쓰는 게 꿈이었고, 제가 쓰고 싶은 책을 기획해서 쓰는 건데도 막상 원고를 쓰기 시작하면 몸이 배배 꼬이고 하기 싫어져요. 책 나오는 건 너무 좋은데 원고 쓰는 건 너무 싫어요. 아이도 그런 게 아닐까요? 학원에 가고 싶다고 한 것도 진심이지만, 가끔 빠지고 그냥 놀고 싶은 거죠. 괜히 가기 싫은 날도 있는 거고요."

그렇잖아요. 설거지 거리가 산더미처럼 쌓여 있으면 빨리 해야 하는 게 맞는데 하기 싫잖아요. 좋아하는 일을 하는 사람도 막상 출근하려고 하면 가기 싫고 그냥 놀고 싶은 날이 있어요. 그게 당연한 사람의 마음 아닐까요? 그 마음을 우선 공감해주셨으면 좋겠어요. 아이의 입장에서는 학원 가기 싫어서 빠지는데, 엄마에게 솔직하게 말하면 혼날 거 같으니 그냥 간다고 말하고 안 갈 수 있어요. 놀 때는 놀고 나중에 혼나는 게 더 속이 편하거든요. 하지만 그렇게 거짓말하는 게 싫으시잖아요. 그럼 아이에게 이렇게 말씀해주세요.

"네가 학원에 빠지고 싶은 마음은 이해해. 엄마도 그럴 때가 있었거든. 그런데 엄마에게 거짓말은 안 했으면 좋겠어. 갑자기 빠지는 건 학원 선생님께 예의도 아니고. 그러니까 빠지고 싶을 때 솔직하게 이야기해줄래? 그럼 선생님께도 말씀드리고 빠지게 해줄게."

그리고 아이와 어머니가 용인되는 만큼 횟수를 정하셔도 좋아요. 한 달에 세 번까지는 빠질 수 있는 쿠폰을 만들어주셔도 좋고요. 그 쿠폰을 다 사용하지 않더라도 빠질 수 있다는 마음에 행복해질 거예요. 그렇게 아이와 합의하에 한 달에 몇 번은 아이에게 맘껏 누릴 수 있는 자유를 주셨으면 좋겠어요.

Q 집에서는 엉망인데 밖에서만 잘해요. 정말 신기하죠. 학교에서도 학원에서도 생활을 참 잘한다는데 집에서는 정말 욕 나올 정도거든요. 왜 그럴까요? 그리고 바깥에서 누가 우리 집 아이 칭찬을 하면 어떻게 반응해야 할지 모르겠어요. 칭찬을 인정하지 않아서 반응도 잘 못하는 걸까요?

A 하하하, 어머니 너무 귀여우세요. 민희(예명)가 엄마를 닮아 그렇게 귀엽고 밝은가 봐요. 아, 이 말도 인정이 안 되시려나요? 그러실 수도 있겠네요.(웃음)

우선 좀 죄송한 말씀인지 모르겠지만, 저는 민희가 이해돼요.

제가 그렇거든요. 바깥에서는 나름대로 깔끔하게 생활을 하는데 집에서는 정말 지저분해요. 제 남편 말이 저희 집은 도둑 들 염려가 없대요. 도둑이 들어왔다가 금방 도둑이 들어왔었구나, 하고 나갈 거라고요. 하하, 제가 자폭을 했네요. 그런데 저만 그런 걸까요? 정도의 차이는 있겠지만 집과 밖이 누구나 조금씩은 다르잖아요. 왜 그럴까요? 엄마니까 그래요. 집이니까 그렇죠.

저와 친분이 있는 목사님이요, 집에 가면 꼭 밥을 남기게 된대요. 어머니가 왜 남기냐고 물으시면 이렇게 대답하신대요. "어머니, 나 집에서만 남길 수 있어요. 여기서는 할 수 있게 해줘요." 왜 그럴까요? 엄마니까요. 집이니까요.

저는 가끔 엄마 산소에 가서 넋두리를 해요. 제가 강의도 하고 글도 쓰는 사람이잖아요. 조리 있게 이야기하는 거, 잘할 수밖에 없는 직업인데요, 이상하게 엄마한테는 두서없이 이야기하고 싶은가 봐요. 아무말대잔치를 하고 내려와요. 왜냐하면요, 엄마니까요.

저와 친한 진행자는요, 정말 재미있고 재치 있는 친구인데, 집에만 가면 말을 안 하게 된대요. 가족들이 일할 때랑 집에 있을 때랑 다른 사람이라고 한다고 해요. 그럼 이렇게 말한대요. "여기서는 하고 싶은 대로 해도 되잖아"라고요. 왜 그렇게 말할까요? 가족들이 있는 집이니까요.

요즘 아이들이요, 마음대로 할 수 있는 곳이 별로 없어요. 그래도 민희는 행복한 거죠. 엄마도 집도 있잖아요. 엄마도 집도 없는 녀석들은 마음대로 하고 싶어도 그 마음을 눌러요. 그 모습이 참 아파요. 그러니 집에서는, 엄마 앞에서는 자유로울 수 있게 그냥 놔두시면 안 될까요? 집에서는, 엄마한테는 편하게 자신의 모습 그대로 오픈할 수 있게요. 어머니는 집과 밖이 달라서 걱정이라고 하시지만, 사실 다른 건 문제가 안 된답니다. 같아야 문제가 되죠. 민희가 집에서 하는 것처럼 밖에서 한다고 생각해보세요. 아찔하지 않으세요? 민희는 집과 달리 밖에선 예의 바르고 밝고 맑아요. 너무 다행이잖아요. 그렇다고 다른 사람인 게 아니라 둘 다 민희예요. 둘 다 민희의 모습이잖아요. 그렇게 생각하면 참 감사한 일이죠. 그러니까 밖에서 민희 칭찬을 들으면 "아유, 아니야" 그러지 마시고요, "우리 딸이 그렇지. 그렇게 말해줘서 고마워" 하세요. 남의 딸이 아니고 내 딸 칭찬인데 우리는 이상하게 그게 쑥스러워서 이상한 말을 해요. "어머, 너희 딸은 어쩜 그렇게 성격이 좋니?" 하면 "아유, 아니야. 집에서는 지랄 맞아"라고 하시더라고요. "너희 딸은 참 단정하더라" 하면, "아유, 말도 마, 자기 방은 돼지우리야"라고 하시고요. 왜 그럴까요? 내 딸 칭찬인데 말이에요.

우리, 겸손을 그렇게 이상하게 표현하지 말고요, 칭찬해준 것에 대한 감사와 우리 자녀에게 그런 좋은 모습이 있다는 것을 인정하자고요. "고마워(감사), 우리 딸이 그렇지(인정)." 이렇게요.

Q 중독 성향이 있는 건 아닌지 걱정이에요. 민성(예명)이가 교회를 다니는데요. 일요일 오전에 교회 다녀오고 나서는 하루 종일 게임을 해요. 이러다 중독이 되는 건 아닐까요?

A 요즘 스마트폰 중독이다, 게임 중독이다 이런 말이 많아서 걱정되시죠? 그 마음은 이해해요. 사람은 듣는 대로 생각하고 보는 대로 불안해하기도 하니까요. 그런데 제가 보기에 민성이는 중독은 아닌 것 같아요.

어머니가 말씀하신 것처럼 평일에는 게임을 할 시간이 없죠. 학교 갔다가 학원 갔다가 밤 10시 넘어서 오고요, 스마트폰도 두고 나갈 때가 많죠. 피곤하니까 토요일은 잠만 자고, 학원 보충을 갈 때도 있고요. 그럼 민성이의 여가 시간은 일요일 오후밖에 없잖아요. 그때 게임을 하는 건, 민성이가 숨 쉬는 거예요. 마치 잠수부가 일정 시간 동안 잠수해 있다가 한 번씩 나와 숨을 몰아쉬는 것처럼요.

사람은 쉬는 시간이 없으면 미쳐요. 어머니는 안 그러세요? 저는 그래요. 글 쓰고 상담하고 강의하고 짬을 내서 가정에 에너지를 쏟죠. 그러는 중에 잠깐이라도 쉬는 시간이 없으면 미칠 것 같더라고요. 그래서 제 '쉬는 시간'을 일정으로 잡을 때도 있어요.

그렇게 안 하면 진짜 힘들어서요. 게임에 중독될까 걱정하시는 마음, 충분히 이해하는데요, 민성이는 그 시간마저 없으면 너무 힘들 거예요. 저 녀석이 지금 쉬고 있구나, 라고 생각해주세요. 그래도 걱정이 되시거든 아이 메시지(I message)로 얘기해주세요. 아이 메시지는, 지시만 하는 대화 방식에서 벗어나 자신의 감정을 전달하는 거예요. "게임 좀 그만해!"가 아니라 "네가 계속 게임만 하니까 엄마는 중독될까 봐 걱정돼"라고요. 그럼 그냥 하지 말라고 할 때는 몰랐던, 자신을 걱정하는 엄마의 마음을 아이가 알게 될 거고, 자신을 돌아보게 될 거예요.

한 초등학생이 '중독'이란 제목으로 시를 썼더라고요. 정확히 기억나지는 않지만 이런 내용이었어요.

엄마는 나보고 게임 중독이라고 한다.
그런데 나는 중독이 아니다.

선생님이 할 일을 안 하고 계속 게임을 하는 건 중독이라고 하셨다.
나는 학교 갔다 학원 갔다 숙제하고 밥 먹고 게임을 한다.
그러니까 나는 중독이 아니다.

사실 엄마가 중독이다.

엄마는 설거지를 한다면서 안 하고 계속 잔소리를 한다.

엄마는 밥을 주다가 말고 계속 잔소리를 한다.

엄마는 내가 학교 갈 때 인사를 하다가 계속 잔소리를 한다.

엄마는 잔소리 중독이다.

참 웃픈 시죠? 그러니 우리, 잔소리 중독이 되지 않도록 조심합시다.

Q 요란한 친구와 어울려요. 퇴근길에 머리 염색을 짙게 한 친구들과 어울리는 아이를 보았어요. 너무 놀라서 물어보니 최근에 새로 사귄 친구들이라고 하더라고요. 친구들이라니까 뭐라고 할 수는 없는데, 혹시 문제아들을 사귀는 건 아닌가 걱정이 됩니다.

A 노인이 꽃무늬 셔츠를 입었다고 비난할 수 있을까요? 꽃무늬 셔츠만 보고 노인의 삶을 판단할 수 있을까요? 아니죠. 그럴수 없을 거예요. 그렇다면 아이의 머리 색깔만 보고 비난하거나 판단할 수도 없지 않을까요?

아이들한테는 자신의 마음을 표현할 곳도, 시간도 별로 없어요. 그래서 머리 색깔로 표현하면서 놀기도 해요. 충분히 그래도 되는 자기표현이죠. 스트레스를 푸는 방법이라고 말하는 아이들도 있고요. 자기 맘대로 할 수 있는 것이 그것 하나라고 말하기도 해요. 무엇보다 이제 머리 색깔은 개성이잖아요. 찢어진 청바지를 입는 것처럼 머리가 노란색을 입는 거예요. 그걸 아는데도 내 자녀가 그러면, 내 자녀의 친구가 그러면 괜스레 걱정되는 마음도 이해해요. 하지만 열린 마음으로 봐주셨으면 좋겠어요. 머리가 노랗다고 삶이 노랗지는 않으니까요. 삶이 노랗다고 머리가 노랗지는 않은 것처럼요.

Q 학교에서 아이 문제로 연락이 왔어요. 그런데 우리 아이는 절대 그럴 리가 없거든요. 너무 놀라고 정신이 없어 제대로 말도 못했는데, 아무리 생각해도 우리 아이가 그럴 리 없어요.

A 그 마음, 알아요. 많이 놀라셨을 거예요. 아이를 신뢰하며 잘 양육하셨기에 더 놀라고 더 당황하셨을 테죠. 우선 마음을 가

라앉히시고요, 학교 가서 어떻게 된 건지 잘 들으세요. 그리고 마음 아프시겠지만 인정할 건 인정하셔야 해요.

얼마 전 일이었어요. 설거지를 하다보니 고무장갑 안에 물이 고이는 거예요. 고무장갑에 구멍이라도 났나 싶어 설거지를 멈추고 고무장갑을 살펴봤어요. 그런데 아무리 봐도 어디에 구멍이 났는지 모르겠더라고요. 그때 답답한 제 마음속에 한마디가 떠올랐어요. "우리 아이가 왜요? 그럴 리가 없어요." 집에 있으면 숨이 막힌다는 아이를 만난 뒤 그 아이의 엄마에게 전화를 걸었다가 듣게 된 말이었어요. 그 한마디가 내내 마음에 걸려 있다가 견디지 못하고 튀어나온 거였나 봐요. 아이는 고름이 가득한 마음을 안고 찾아왔는데 엄마는 아이의 마음에 구멍이 났을 리가 없다고 했어요.

생각해보니 고무장갑도 그렇더라고요. 구멍이 났을 리가 없어요. 구입한 지 얼마 되지 않았고, 칼이나 가위에 닿은 적도 없었거든요. 저는 다시 고무장갑을 끼고 설거지를 시작했죠. 물이 고이는 걸 느끼면서도 구멍을 인정하지 않았어요. 결국 옷소매까지 적신 후에야 고무장갑을 벗었답니다. 그제야 할 수 없이 구멍을 인정한 거예요. 그래, 구멍은 내가 예상했던 크기보다 훨씬 작을 수도 있으니까. 그래, 내가 생각했던 위치가 아닐 수도 있으니까. 그래…… 보이지 않는다고 존재하지 않는 건 아니니까. 구멍이 났다는 걸 인정하자, 그랬어요.

그때 아이의 엄마는 결국 인정하지 않고 전화를 끊었어요. 눈앞이 캄캄해졌죠. 언제나 그렇잖아요. '인정'부터 시작해야 갈 길이 보이는데 인정하길 거부하면 마음까지 젖어버리잖아요. 인정하시면 안 될까요? 아이의 존재도, 아이의 사랑스러움도 인정하셨던 것처럼 아이의 문제도 인정해주세요. 그리고 그 문제를 풀어가며 문제가 있어도 여전히 사랑스러운 내 아이라는 것도 인정해주시면 좋겠어요. 고무장갑에 구멍이 났지만 구멍이 고무장갑 그 자체는 아닌 것처럼, 집에만 가면 숨이 막힌다는 아이에게 숨이 막힌 건 요즘이지 평생이 아닌 것처럼, 아이의 문제는 문제이지 아이가 아니니까요. 지금 생긴 문제는 아이의 삶 중에서도 먼지처럼 작은 일부에 불과하답니다. 그것까지 인정해주시면 좋겠어요.

Q 뭐든 한 가지에 집중을 못해요. 아이가 드라마를 본다면서 TV는 켜두고 카톡을 합니다. 왜 드라마 본다면서 안 보냐고 하면 보고 있다고 말해요. 항상 이런 식이에요. 뭘 하든 한 가지에 집중해야 하는데, 집중하는 걸 본 적이 없는 것 같아 화가 납니다. 말해도 소용없고요.

𝒜 많은 부모님들이 그런 상황이면 화가 날 거예요. 그런데 왜 화가 날까요? 어머니 말씀대로 한 가지에 집중을 안 한다는 생각이 들어서 그렇겠지요? 네, 그렇습니다. 그런데 아이들은 한 가지에 집중하고 있진 않지만 둘 다 하고 있는 거라면 어떨까요? 드라마를 보고 있진 않지만 보는 거라면 어떨까요? 이상하죠? 우린 하나에 집중해도 잘 안 되는 걸 둘 다 한꺼번에 한다는 것이요. 저도 그게 참 이상하지만 사실이라고 말씀드리고 싶어요.

일상에서 멀티테이너로 산다고 생각하시면 어떨까요? 요즘은 멀티시대잖아요. 한 가지만 해서 쭉 먹고사는 시대를 지나, 여러 가지 조금씩 해야 더 잘 먹고사는 시대가 되었어요. 저도 대학생 때 교수님들께 참 많이 혼났어요. 소설만 집중해서 쓰라고요. 그런데 저는 소설 쓰다가 시도 쓰고, 시를 쓰다가 가사도 쓰고, 가사 쓰다 지겨우면 에세이 쓰고 그랬거든요. 한 우물만 파도 안 되는 걸 그렇게 여러 개 해서 어떡하느냐는 걱정을 참 많이 들었는데, 어쩌죠? 저는 지금도 그렇게 먹고살고 있거든요. 강의도 조금 하고, 상담도 조금 하고, 청소년들도 만나고, 작사도 하고, 에세이도 쓰고요. 그때는 교수님들의 쓴소리에 엄청 주눅이 들었는데, 지금이라면 당당하게 말할 수 있답니다. 여러 우물을 파느라고 우물이 좀 얕게 파지기는 했지만 그래도 물은 나오고 있으니 걱정 마시라고요.

이제 멀티가 유리한 시대가 되었습니다. 그런데 아이들은 그걸 일상에서 하고 있는 거예요. 스마트폰 하면서 드라마 보고, 드라마 보면서 카톡 하고, 카톡 하면서 숙제하고……. 그게 어떻게 다 하는 거냐 싶지만 하는 거예요. 그게 지금 아이들의 방식이니까요. 우리의 방식을 고집하지 말고, 아이들의 방식을 존중해주시면 좋겠습니다.

"나 어릴 때는 안 그랬는데 요즘 애들은 이러네." 이런 말 많이 들어보셨죠? 언제요? 우리 십대 때요. 어른들이 우리를 보면서 그런 말 많이 하셨잖아요. 이제 그 어른의 자리에 서고 보니 우리도 그런 말이나 생각을 하게 된 거죠, 뭐.

"내가 젊은 시절에는 우물을 여러 개 파면 큰일 나는 줄 알았는데, 요즘은 애들이 여러 우물을 다 파네." 이런 이야기인 거예요. 십대 때는 그런 말 들으면 진짜 싫었는데, 왜 어른이 되면 그 진짜 싫었던 말이 타당한 말로 둔갑해서 입을 통해 재생산되는지 모르겠어요. 우리도 모르는 사이에 말이에요. 하지만 인정합시다. '뭘 하든 한 가지에 집중해야 하던 때'는 우리 때고요, 지금 아이들의 시대는 다르다는 것을요. 그래도 걱정이 되시면 말씀하세요. "엄마는 한 가지에 집중해야 한다는 생각이 드는데, 두 개가 동시에 되는 거야? 정말 하는 거야?" 한 가지에 집중해야 한다는 생각은 마음에 있고 "정말 둘 다 하는 거야?"라는 말만 나가니까 아이들이 이해를 잘 못하는 거예요. 엄마가 무슨 생각을 하는지도 모르고요. 자식과 부모 사이니 말 안 해도 알아야 한다고 생각하시는 건 아니죠? 그건 정말 아니에요. 말해야 알죠. 아이가 독심술을 하는 것도 아닌데, 말 안 하면 어떻게 알겠어요? 절대 모른다니까요.

말씀하세요. 반은 마음으로 하고 반은 말로 하지 마시고요, 온전히 다 밖으로 꺼내세요. 대신 아이가 "정말 하는 거야"라고 말하면 믿어주세요. 그 이전에 아이들은 둘 다 동시에 할 수도 있다는 걸, 우리 때와 다르다는 걸 인정해주시고요.

어떻게 해야
서로 이해할 수 있을까요?

Q 자기 잘못에 대해 너무 뻔뻔해요. 내 자식이지만 진짜 이해할 수가 없네요. 자기가 한 잘못을 알기는 할까요?

A 잘은 모르지만, 몇 번 만나고 나니 조금은 알게 되었어요. 조금이지만 알게 된 걸 말씀드릴게요. 은수(예명)는요, 지금 아무도 이해해주지 않을 거라는 두려움이 가장 커요. 은수는 누구 한 명도 자기편이 되어주지 않을 거라는 두려움에 떨고 있어요. 자기의 잘못을 알면 다 자기를 버릴까 봐 겁에 질려 있다고요. 저는 그게 고스란히 느껴져요.

잘못한 걸 알죠. 누구보다 잘 알아요. 잘못한 것도 모를 거라는 추측은 하지 마세요. 이해하실지 모르겠지만 자기 잘못을 다 알고 있고, 그렇기 때문이 떨고 있는 거랍니다. 그래서 부탁드려요. 지금은 그냥 놔둬주세요. 어른들도 그런 시간 있잖아요. 아무것도 하기 싫고, 그냥 가만히 있고 싶은 시간이요. 은수에게도 그런 시간이 필요해요. 가만히 있는 시간 안에는 자신을 이해하고 용서할 시간도 포함될 거예요. 그 누구보다 자신이 자신을 용서하기 어려울 테니까요. 지금 무조건 몰아붙이시면 안 돼요. 온순하게 길들여진 햄스터도 코너에 몰리면 고양이를 물어버릴 수 있거든요.

이해하기 힘들다는 말씀은, 알 것 같아요. 그래도 이해하고 싶으니까 힘드신 거잖아요? 그렇다면 이해하려는 노력 대신 그냥 품어주시면 어떨까요? 은수는 지금 자신의 잘못을 더 확실히 각인시켜줄 사람보다 잘못을 포함한 자신을 사랑해줄 사람이 필요해요. 삶의 선배로서 줄 수 있는 일말의 해답보다 아무 질문도 던지지 않는 무조건적인 품이 더 절실할 거예요. 그러니까 은수에게 아버지의 품을 느껴볼 기회를 주세요. 아버님의 품이 얼마나 넓은지, 은수는 아직 잘 모르거든요. 물론 그렇게 한다 해도 어쩌면 아버님은 은수를 영영 이해하지 못할 수도 있어요. 하지만 은수가 아버님을 이해할 시간은 분명히 올 거예요. 그날에, 지금 아버님보다 훨씬 더 넓은 품을 은수가 제공해줄 거예요. 아버님도 그 품을 느껴볼 기회를 자신에게 주시면 좋지 않겠어요?

Q 아빠와 소통을 전혀 못하고 있어요. 엄마인 저는 아직 까진 대화가 잘되는 편인데, 아이가 청소년이 되면서 아빠와 점점 더 멀어지는 거 같아 걱정이 돼요. 좋은 방법 없을까요?

A 음…… 아빠가 어떤 스타일이신지 상담을 해봐야 더 자 세히 말씀드릴 수 있겠지만요, 우선 어머니 질문을 듣고 권해드 릴 수 있는 건 일대일 데이트예요. 부모도 바쁘고 아이도 바빠지 면서 일대일 데이트를 할 수 있는 시간이 없어요. 아빠와는 점점 더 그런 것 같아요. 아무리 부모와 사이가 좋아도, 부모 중 한 명 아이 중 한 명이 일대일로 만나고 이야기하는 시간을 갖는 게 좋 거든요. 왜, 연애할 때요, 꼭 남자친구의 친구가 따라서 나오면 싫 었잖아요. 전문용어로 '꼽사리' 끼는 친구요.(웃음) 지금은 차라리 꼽사리 끼는 친구가 필요하다고, 남편하고 둘이 있으면 정말 심 심하다고 하는 분들이 계시지만 연애할 때는 안 그랬잖아요. 둘 만 있고 싶은 시간이 더 많았던 거 기억하시죠? 기억하시리라 믿 으며 계속 이야기할게요.(웃음) 항상 부모 둘이 함께 아이와 있으 면 아이는 연애할 때 항상 꼽사리 끼는 친구가 있는 느낌이에요. 둘이 만나는 시간에 나눌 수 있는 이야기가 있잖아요. 그런 이야 기가 둘만의 추억이 되고 둘 사이를 더 돈독하게 해주는데 그런

경험이 없는 거죠. 그래서 더 어색한 사이가 되기도 하고요. 그러니 가능하면 아이와 아빠가 둘만의 시간을 가질 수 있게 해주세요. 아이가 좋아하는 음식을 같이 먹으러 가게 해도 좋고요, 아이가 보고 싶어 하는 영화를 보게 해도 좋아요. 다만, 이때 주의할 점이 한 가지 있어요. 학업이나 성적 이야기를 하시면 안 돼요. 모처럼 휴식을 취하는데 일 생각 하기는 싫잖아요. 아이도 같아요. 모처럼 데이트를 하는데 공부 생각을 하긴 싫거든요. 분위기를 깨는 이야기는 삼가시고 데이트를 해주세요.

그리고 또 한 가지, 가족톡방을 만드는 걸 추천해요. 각종 모임들의 단톡방은 있는데, 정작 가족끼리 이야기하는 단톡방은 없는 경우가 많더라고요. 물론 얼굴 보고 대화하는 시간이 많으면 좋지만 그럴 시간도, 여유도 없는 게 현실이잖아요. 그렇다고 대화를 안 하면 가족이지만 더 어색해지고요. 그래서 할 수 있는 걸로 해야 하는데, 보통 엄마와 아이들이 이야기하고 엄마가 아빠에게 전달하니, 아이들과 아빠 사이의 대화는 줄어들고 점점 어색해질 수밖에 없거든요. 그러니 가능하면 가족톡방에서 함께 대화를 나누세요. 저도 가족톡방을 만들고 이 고민이 풀렸어요. 지금 하신 질문이 저도 고민이었거든요. 청소년들을 만나는 게 일인 저는 딸들과 요즘 줄임말이나 새로운 용어들도 잘 사용하고 대화도 잘 통해요. 그런데 저희 남편은 "그게 무슨 말이야?" 물어보고 대화를 이해 못하겠다는 말을 자주 했죠. 그래서 가족톡방을 만들고,

우리가 하는 말을 그때그때 설명해주었어요. 그러면서 딸들이 아빠와 나누는 대화도 많아졌고, 훨씬 분위기도 좋아졌어요. 홈쇼핑을 보면 쇼호스트가 이런 말을 자주 한다면서요. "제가 사용해보니까 너무 좋아요." 저도 가족톡방을 제가 해보니까 너무 좋아서 추천해드리는 거예요. 저의 이 말도 효과가 있어서 많은 아빠들이 아이들과 대화를 더 자주 나눌 수 있게 되었으면 좋겠네요. 다이어트는 운동을 빼놓으면 안 되는 것처럼 가족은 대화를 빼놓으면 안 되는 것 같아요.

Q 제 교육 방식이 잘못된 걸까요? 대안교육으로 홈스쿨링을 했어요. 그래서인지 아이가 사회성이 별로 없어요. 친구와도 관계를 잘 맺지 못하고요.

A 한때 대안학교나 홈스쿨링 바람이 불었죠. 그때 대안교육을 시작한 아이들이 청소년이 되는 시기인지 이런 고민 상담이 꽤 들어오고 있어요. 제 생각은 그래요. 무조건 명문대를 바라보는 교육이 좋은 건 아니지만, 그렇다고 대안교육이 정답이라고 하고 싶지도 않아요. 어느 쪽이든 아이의 입장을 고려하지 않고

167

부모의 선택만으로 결정한다면 별로죠. 부모가 아이의 상황을 고려해 내린 최선의 선택이었겠지만, 아이의 의사가 반영되지 않았다면 그 선택에 대한 고민도 필요하다고 봅니다.

그래서 저는 우선 기존 교육을 시켰고요, 아이가 1학년을 다니고 나서 한 번, 2학년을 다니고 나서 한 번, 고학년이 되면서 한 번 물었어요. 이런저런 대안교육이 있다고 말해주고, 지금의 학교 말고도 선택할 수 있는 교육방법이 있다는 걸 알려주었죠. 그런데 아이는 지금 친구들과 함께할 수 있는 기존 교육을 받고 싶다고 하더라고요. 그래서 아이의 선택을 따랐어요. 그러면서도 걱정은 되었죠. 기존 교육의 문제점이 참 많잖아요. 하지만 대안교육도 문제가 없는 것은 아니라고 생각했어요. 저도 기존 교육을 받았기에 그 교육을 받는 아이들의 마음을 헤아릴 수 있는 것이니, 저희 아이 또한 겪어보고 함께하는 아이들을 공감하고 헤아릴 수 있기를 바랐어요. 그래서 저는 대안교육을 잘 알지 못해요. 하지만 상담 사례를 보면 기존 학교 가운데 나쁜 학교가 있듯 대안학교도 나쁜 학교가 있더라고요. 기존 학교에 좋은 교사가 있듯 대안학교에도 좋은 교사가 있고요. 둘 중 어떤 것이 모두 나쁘지 않고 모두 좋지도 않아요. 그리고 아까 말씀드린 것처럼 아이의 의사가 반영된 선택이어야 했지만, 부모님 입장에서는 최선이었기에 그 선택을 지금 와서 좋다, 나쁘다로 판단하고 싶지는 않아요. 그래서는 안 된다고 생각하고요.

다만, 홈스쿨링을 할 경우, 친구 관계의 경험이 많이 없기 때문에 사회성을 걱정하시는 분들이 많아요. 사실 그런 아이에게 있어서 사회성을 없다, 있다 간단하게 판단할 수는 없죠. 친구 관계의 경험 자체가 적었던 것이니까요. 주위에 홈스쿨링을 하는 친구가 있다면 모르지만, 어릴 적 친구들은 기존 교육을 받는다면 더 관계가 어려울 수밖에 없어요. 함께 겪어야 소통하기가 쉬운데, 함께 겪은 것이 없으면 이야깃거리 자체가 부족하니까요. 그러나 미리 걱정은 하지 마시고요. 대학에 가든 사회에 나가든 삶을 함께 겪고 소통할 친구가 생기면 관계를 잘할 거라고 믿어주세요. 기존 학교를 다니며 친구들을 겪은 경험도 참 유리하지만, 그렇다고 가정에서 관계가 깨진 것을 대신할 수는 없거든요. 무슨 말이냐면 가정에서의 관계와 소통이 잘된 친구들은 친구들과 함께 지낸 경험보다 더 중요한 기본기를 가지고 있다는 이야기예요. 그러니 지난 선택에 대한 후회는 접어두시고, 아이를 믿어주세요. 공감하고 배려하며 대화하고 관계하는 걸 가정에서 느낄 수 있도록 해주세요. 지금도 잘하고 계실 테지만요. 강조하기 위해 괜히 한 번 더 부탁드려요.

Q 아이에게 부정적인 말을 하게 돼요. 저도 모르게 아이의 행동에 아쉬움이 많이 생기나 봐요. 자꾸 "~했으면 좋았을 텐데"라는 말을 하네요. 그런 말이 별로 도움이 안 될 텐데 말이에요.

A 상담을 하다보면 이렇게 질문에 답이 들어 있는 경우를 많이 만나요. 어쩌면 상담은 그냥 들어주는 것이 90퍼센트를 차지하는 것 같아요. 나머지 10퍼센트는 공감에 있는 것 같고요. 별로 해드린 말이 없는데 감사하다고 하시면 감사해주셔서 제가 더 감사하다고 말씀드릴 수밖에 없어요.(웃음)

제가 뚜벅이예요. 아이들 밥 먹이며 살다보니 차를 살 엄두를 못 냈어요. 운전도 못했고요. 두 해 전에 제가 돌보던 청소년들이 스무 살이 되면서 운전면허를 같이 따자고 해서 따긴 했어요. 녀석들은 한 번에 붙고 저는 세 번째에 붙었죠. 어찌나 기쁘던지 바로 차를 사고 싶었으나 용기가 나지 않아 관뒀답니다. 복잡한 서울에서 살다보니 차가 아쉬울 때는 별로 없어요. 그런데 가끔 차로 가면 한 시간도 안 걸리는데 대중교통으로는 두 시간이 넘게 걸리는 곳이 있거든요. 그런 곳은 교통편도 별로 좋지 않아요. 얼마 전에 갔던 스키장이 딱 그랬어요. 스키장에서 강의만 하고 바로 와야 하는 것도 서러운데, 버스도 한 시간에 한 대만 있는 곳이었어요. 저녁이어서 어둑하기도 했고, 버스정류장이 외진 곳에 있어서 좀 무섭기도 했죠. 휴대폰 플래시를 켜고 정류장을 찾긴 했는데 차가 슉슉 지나가는 곳이라 천천히 걷고 있었어요. 그때 버스가 지나가며 빵 하는 클랙슨 소리를 내더라고요. 저는 비키라는 줄 알고 비켰죠. 그런데 그 버스가 제가 타야 할 버스였던 거예요. 50미터 앞에 있던 버스정류장에 서더라고요. 그래서 저는 미친 듯이 뛰어서 겨우 탔어요. 다행히 기사님이 저를 보고 버스를 세우고 계셨거든요. 저는 숨이 넘어갈 듯 버스를 타며 감사하다고 인사를 했죠. 그랬더니 기사님은 타박을 하는 거였어요.

"아니, 내가 클랙슨 울렸잖아요. 그게 탈 거냐고 묻는 표시였는데 왜 비켰어요? 지금 이 버스 놓치면 한 시간 기다려야 해요. 조금만 늦었으면 못 탔을 텐데 어쩔 뻔했어요?"

"아…… 죄송하고 감사합니다."

저는 꾸벅 인사를 하고 자리에 앉았어요. 그런데 뭔가 억울하더라고요. 몰랐잖아요. 클랙슨 소리가 타라는 건 줄 알았으면 안 비켰겠죠. 그런데 몰랐잖아요. 그리고 놓치지 않고 탔잖아요. 늦었으면 못 탔겠지만 탔는데, 못 탈 뻔했다고 야단치시니 억울하고 속상하더라고요. '~했으면 좋았을 텐데'라는 말은 이런 감정을 유발하는 것 같아요. 그러기 싫었던 게 아니라 몰랐던 거고, 그랬으면 좋았겠지만 못했을 경우에는 더더욱요. 그랬으면 더 좋왔겠지만 이랬고, 이랬어도 하긴 한 것이고, 이랬던 게 자기 딴에는 최선이었던 경우에는 더욱더요. 그러니 '~했으면 좋았을 텐데'라는 말이 자꾸 나오려고 할 때는 이렇게 생각해주세요.

'못하고 싶어서 못하는 사람은 없다.'

'몰라서 그런 걸 계속 뭐라고 할 수는 없다.'

'아이에겐 이게 최선이었고, 이렇게라도 한 것이 대견하다.'

자꾸 최면을 걸어주세요. 부모의 삶을 살다보면 내 마음에 최면을 걸어야 할 일이 자주 발생하는 것 같아요.(웃음)

Q 배움을 어디까지 권할 수 있을까요? 저는 피아노를 참 배우고 싶었는데 못 배웠어요. 그래서 딸이 피아노를 배우는 게 좋았어요. 그런데 1년도 채 안 돼서 하기 싫다고 하는 거예요. 더 했으면 좋겠는데, 강요를 하면 안 되겠죠?

A 정답을 알고 계시는데 확인차 질문하신 거죠? 맞아요, 강요하면 안 되죠. 하지만 그 마음은 이해해요. 우리는 자녀가 우리보다 조금 더 잘했으면 하는 마음이 있고, 우리가 못했던 걸 더 해주고 싶은 마음도 가지고 있으니까요.

저는 부모 강의를 할 때마다 마치기 직전에 질문을 받아요. 그때 제가 가장 많이 보는 행동이 뭔지 아세요? 고개를 숙이거나, 다른 곳을 보는 행동이에요. 그럼 제가 웃으며 말씀드려요. "이러시면서 아이들한테는 학교에서 발표하라고, 엄마는 발표 잘했다고 하시면 안 돼요."

그럼 다들 웃으시죠. 아이가 발표하지 않기를 바라는 부모는 없어요. 거의 모든 부모님들이 아이가 발표를 잘하길 바라실 거예요. 그런데 본인이 아이였던 시절에 발표를 잘하신 분들은 적을 걸요. 저도, 제 친구들 중에서도 발표를 잘했던 친구는…… 없는 것 같아요.(웃음) 그런데 아이에게 발표를 하라고, 오늘은 꼭 해야 한다고 강요하면 이상한 부모잖아요. 하지만 아이가 발표를 잘했으면 하는 마음은 이상한 게 아니죠.

우리가 하고 싶었던 걸 못했던 유년을 기억한다면, 그 못했던 걸 아이가 잘하기를 바라는 마음도 이상하지 않아요. 아이가 대신해서 꿈을 이뤄주는 것 같기도 하고, 참 뿌듯한 마음이 들기도 할 거예요. 하지만 이것도 강요한다면 이상하고 나쁜 부모예요. 드라마에 자주 등장하잖아요. 아이가 자신을 대신해 꿈을 이루길 바라고 강요하는 부모는 죄다 이상하고 나쁜 캐릭터로 나오는 거 보셨죠? 현실에서도 마찬가지예요.

아이를 대신해 우리의 꿈을 이루지 말기로 해요. 아이에게 우리의 유년을 대입해서 대신 뭔가 해주기를 바라지도 말고요. 그런 마음이 살짝 끼어드는 건 우리도 어쩔 수 없는 일이지만 그런 마음을 얼른 치워야 하는 것은 어쩔 수 있는 일이니까요. 아이가 잘할 때 칭찬을 해주지만 그건 우리의 유년에게 하는 게 아니라, 아이에게 하는 것이어야 해요. 우리의 유년을 회복하고 싶다면 그것도 우리 자신을 위한 일이어야지, 아이와 연결되면 위험해요. 아이가 잘하는 건 우리의 한을 풀어주려는 게 아니라, 그저 아이가 잘하는 것일 뿐이에요. 아이와 우리의 유년을 겹쳐보지 마세요.

Q 아이 문제로 부부 싸움을 했어요. 그러고 나니 서로의 문제로 싸우는 게 더 쉬웠구나 하는 생각이 들었습니다. 해결 지점이 없는 싸움 같아 더 힘이 듭니다.

A 힘드시겠어요. 우리는 왜 그럴까요? 문제가 있으면 서로의 마음을 더 잘 헤아려주고 배려해야 하는데, 서로를 아프게 하는 경우가 더 많은 것 같아요. 그 아픔을 견딜 힘이 부족해서겠죠. 누군가 이런 말을 했어요. 가족은 가시 돋친 채로 안고 있어서 서로에게 상처를 낸다고. 서로의 가시에 붕대를 감아주면 안

고 있어도 상처가 더 나지는 않는다는 걸 모르진 않을 텐데……. 그저 안타까운 마음이 듭니다.

작년에 열심히 봤던 드라마가 있었어요. 제목은 〈비밀의 숲〉이었고요. 그 드라마에서 인상 깊은 대사가 나와 메모를 해두었어요.

시목 아이에게 문제가 있으면 부모는 서로를 미워하게 되죠.
여진 그럴수록 더 서로 보듬어야 하는 거 아닌가? 똘똘 뭉쳐서.
시목 그런 집도 있겠죠, 어딘가에는.

너무 공감이 돼서 적어두었던 것 같아요. 정말 많이 보거든요. 아이의 문제 앞에서 어쩔 줄 모르고 서로를 찔러대는 엄마와 아빠를. 서로의 탓을 하기도 하고, 그저 화를 내기도 하면서 아이의 문제라는 가시로 서로를 열심히 상처 주죠. 아까 말씀하신 것처럼 해결 지점이 없는 싸움 같아 더 어렵고 힘이 들어 더 찌르게 되나 봐요. 하지만 알고 있어요. 여진의 대사처럼 그럴수록 서로를 더 보듬어야 한다는 이론을요. 이론대로 살기가 제일 힘들지만, 그래도 그 이론을 떠올리며 실천해보시면 좋겠어요. 상황이 어려울수록 자신도 모르게 심하게 굴었던 것을 반성하며 배우자분께 진심어린 사과를 건네세요. 지금 본인 때문에 아이가 그런가 싶어 더 아프신 것처럼 배우자분도 마찬가지일 거예요. 그러니 먼저 상대방의 피를 닦아주세요. 그러면 상대방도 붕대를 든 손을 내밀 거예요. 그다음에는 아이의 문제를 해결하기 위해, 아이를 위해 서로를 안고 정말 똘똘 뭉쳐보세요. 직접 보지는 못했지만 어딘가에 있기를 바라게 되는 그런 집이 아버님의 가정이기를 진심으로 바랍니다.

Q 열심히 하겠다는 말을 믿어도 될까요? 아들이 말은 잘하겠다고 하는데 성적이 안 올라요.

A 우선 답을 먼저 말씀드리면 "믿어주세요"입니다. 믿어주세요. 설령 그게 거짓말이라고 해도 아이는 그 믿음 안에서 성장할 거예요. 그리고 진심일 가능성도 크고요. 그런데 아버님이 보시기에는 아니죠? 그 정도로 해서는 열심히 한다고 말하면 안 되겠죠?(웃음) 그 마음도 알아요. 그런데 그건 아버님 생각이죠. 재규(예명) 생각으로는 아닌 거예요. 누구나 자기가 할 수 있는 범위가 있는데요, 재규는 재규 나름대로 열심히 하고 있는 거니까요.

고교시절, 고액 과외를 받는다고 소문난 친구가 있었어요. 집안도 엄청 좋았죠. 그런데 그 친구는 반에서 10등 안에도 못 들었어요. 또 한 친구가 있었어요. 그 애는 엄청 가난해서 등록금도 못 냈다는 소문이 파다했죠. 실제로 여러 곳에서 아르바이트하는 모습을 보기도 했어요. 공부할 시간이 있겠나 싶을 정도였죠. 그런데 그 아이는 전교 3등 안에 꼭 들었어요. 꼭 제가 다닌 학교에만 이런 아이들이 있었던 건 아닐 거예요. 아버님이 다니는 학교에도 열심히 안 하는데 성적이 잘 나오는 아이, 열심히 하는데 성적이 안 나오는 아이가 있었지요? 그럼 어른들은 이렇게 말씀하시곤 하죠. 열심히 안 하는 것처럼 보일 뿐 열심히 하는 거다, 안 보이는 데서 코피 흘리게 하니 성적이 잘 나오는 거다……. 그런데 이거 사실일 수도 있지만 아닐 수도 있지 않을까요? 그냥 너희들도 열심히 하면 그렇게 될 수 있다는 메시지를 담은 자기계발서 같은 이야기죠.

저는 공부도 재능인 것 같아요. 매일 뛰어도 느린 제가 있는가 하면, 어쩌다 한 번 뛰는데 달리기 1등 하는 아이가 있는 것처럼요. 그런데 우리는 공부만큼은 재능이라고 잘 인정을 안 해요. 공부만은 열심히 하면 잘하게 될 거라 믿죠. 그리고 아이들을 채근해요. 조금 더 하면 된다고. 그런데 조금 더 하면 되는 아이보다 조금 더 하기 싫은 아이와 조금 더 해도 안 되는 아이가 있지 않나요? 공부도 재능이에요. 재규 말대로 열심히 하는데 잘 안 되는 걸 거예요. 그러니 믿어주세요. 가장 힘이 드는 건 재규 자신일 테니까요.

Q 작가님 자녀와의 소통은 어떤가요? 청소년 자녀를 키우신다고 들었어요. 다른 십대들처럼 본인 자식하고도 상담이 잘되시나요?

A 맞아요. 아마 이 책이 나올 때쯤이면 저희 딸들은 고1, 중1이겠네요. 제가 청소년들의 멘토로 살고 있으니 제 자녀들하고는 마찰을 어떻게 해결하나 궁금하신 분들이 많으시더라고요. 감히 말씀드리면 딸들하고 저는 꽤 잘 지내는 편이에요. 저도 사실 딸이 이해 안 될 때는 많죠. 다만 저는 더더욱 아프고 힘든 상황의 아이들을 많이 만나잖아요. 그러니 딸이 아프고 힘들다고 하면 공감하다가도 '너는 도대체 뭐가 힘들다고 이러냐' 하는 마음이 올라와요. 제가 청소년들 먹여 살리느라 저희 딸을 풍족하게 키우지는 못하지만 그렇다고 아주 부족하게 키우지는 않거든요. 이것도 그저 제 생각일 뿐일 수 있지만, 제 생각은 그래요. 무엇보다 딸들과 대화를 정말 많이 나누고 사이가 좋다 보니까 '그렇게 아픈 일 없는데 왜 힘들어?' 하는 마음이 올라오죠. 하지만 청소년기의 고민이 꼭 힘든 상황이어야만 생기는 건 아니니까요. 폭풍 속에서 자신을 찾으며 나아가는 시기이니 당연한 거라고 마음을 다잡고는 하죠. 그래도 제가 상담을 하다 욱해서 화를 내지

는 않을까, 아무래도 내 자식인데 어렵지 않을까 싶어 상담을 하고 싶지는 않았어요. 그런데 제 딸이 상담을 신청해오더라고요. 그것도 제 공식 페이지의 메시지로요.

작가님, 저는 작가님과 같이 사는 청소년입니다. 상담해주세요.

이 메시지가 웃기기도 한데 무섭기도 했어요. 이 녀석 한 명 잘못 상담하고 그 죄책감에 밖의 청소년들을 못 보는 거 아닐까. 집의 청소년 두 명도 잘 케어 못하면서 무슨 밖의 청소년들을 품느냐는 소리를 듣지 않을까. 별 생각이 다 들었지만, 그렇다고 거부할 수는 없잖아요. 더 유능한 상담사와 연결해주겠다고 했는데 꼭 저와 하고 싶다고 해서 어쩔 수 없이 제가 하기로 했어요. 그런데 도저히 얼굴을 보고는 못하겠더라고요. 웃기기도 하고 무섭기도 해서요. 그래서 택한 방법이 '온라인 상담'이었어요. 저희 집이 좁아서 서로가 분리되는 환경은 아닌데요. 저희 딸은 거실에서 휴대폰을 켜고, 저는 안방에서 노트북을 켜고 오픈 채팅으로 상담을 했어요. 오픈 채팅은 익명으로 대화를 할 수 있거든요. 청소년들과 익명 상담은 자주 하지만 딸하고는 처음이었어요. 그래서 저희 딸이 아닌 한 명의 청소년이라고 생각하고 상담을 시작했죠. 얼굴을 보는 것보다 훨씬 객관적이고 차분하게 진행할 수 있었어요. 그러면서 제가 느낀 게 있어요.

'내 자식 내 사람일수록 객관화시킬 필요가 있구나' 하는 거예요. 객관화된 아이들은 오히려 주관화시켜서 내 새끼로 품으면서 상담을 하고 만나게 되는데, 정말 내 새끼로 있는 아이들은 이미 너무 주관화되어 있어서 어느 정도 객관화된 사이가 필요할 때가 있어요. 저희 딸뿐 아니라 이미 수 년 동안 품고 있는 아이들도 마찬가지고요.

그래서 저는 아이와 마찰이 잦은 부모님께도 자녀를 객관화시킬 필요가 있다고 말씀드려요. 이 아이가 내 아이는 아니라고 최면을 걸어야죠. 어차피 아이가 우리 소유는 아닌 거니까요. 이 아이가 내 자식이 아니라 내가 품어야 하는 아이, 내가 가르치는 학생이라는 생각으로 어느 정도 사이를 두시는 거랍니다. 그냥 아는 청소년이면 이해될 수 있는 일도 내 딸이면 이해 못하고, 그냥 아이라면 이해할 수 있는 일도 내 아들이라 이해할 수 없는 게 많잖아요. 그러니 어느 정도 객관화를 해서 사이를 두고 얘기하시면 더 좋아요. 저는 실제로 그러면서 사이가 더 좋아졌어요. 청소년들을 상담하고 청소년들에게 해주었던 이야기를 실은 《너는 문제없어》라는 책에 저희 딸의 사례도 들어 있을 정도로 상담도 계속 진행이 되었고요. 그래서 '내 새끼의 객관화'를 권해드려요. 좀 더 욕심을 부리자면 많은 부모님들이 '남의 새끼의 주관화'도 실천하셔서 우리 지역의 청소년들을 내 자식처럼 품을 수 있으면 좋겠어요. 한 아이를 키우려면 한 마을이 필요하니까요.

Q 요즘 아이가 너무 미워요. 툭하면 방문을 닫고 들어가 안 나오질 않나, 묻는 말에 대답도 안 하고요. 그래도 내 자식 인데 이렇게 밉다고만 하기는 싫거든요. 아이의 행동과 관계 없이 사랑스럽게 볼 수 있는 팁이 있을까요?

A 사랑의 반대는 미움이 아니라 무관심이라는 말이 있죠. 정말 그런지, 관심은 가는데 미울 때가 있어요. 사랑하지 않는 건 아닌데 사랑스럽지 않을 때가 있고요. 정말 그렇긴 해요.

우선 그 미운 시기가 금방 지나간다고 생각해주세요. 그리고 살아 있는 걸 고마워해주세요. 웃기죠? 금방 지나간다고 생각할 수는 있겠는데 살아 있는 걸 고마워하라니요. 그런데 저는 그래 요. 오늘 상담을 하기로 했는데 오지 않아서 연락해보니 지난주 에 하늘나라로 갔다는 답을 듣기도 했거든요. 이 사례가 아니더 라도 죽는 아이들을 너무 많이 봤어요. 그래서 저는 아이들이 살 아 있는 게 그저 고마워요. 하지만 제가 강의 가서 이런 말을 하 면 보통의 부모님들은 공감을 잘 못하세요. 그런 생각을 안 해보 셨으니까요. 하늘나라로 가는 아이들을 보지 못하셨으니까요. 그 래서 제가 사례를 들며 이야기해드리면 그제야 공감을 하시죠. 지금 방문을 닫고 들어간다는 건 살아 있다는 거잖아요. 묻는 말에 대답을 안 한다는 것도 살아 있다는 것이고요. 아이를 하늘로 떠나보낸 어머니의 꿈은 아이가 살아 있는 거예요. 아이가 눈앞에서 숨을 쉬는 거죠. 그 꿈을 어머니는 이루고 계신 거라고요. 살아 있는 건 당연하지만 그 당연함도 누군가에겐 기적이에요. 그러니 그 당연함을 고마워해주세요.

그리고 구체적인 팁도 드릴게요. 아이의 전화번호가 어머니의 휴대폰에 저장되어 있죠? 뭐라고 저장되어 있으세요? 그냥 '우리 딸'이나 '아이 이름'으로 보통 저장해두시더라고요. 아, 특이한 말로 저장되어 있는 경우도 봤어요. 어떤 어머니는 아들을 '전화 받지 마'로 저장해두셨더라고요.(웃음) 아무튼 저장되어 있는 이름을 수정하세요. '사랑스러운 딸' 혹은 '자랑스러운 **'로요. 사람은 눈에 보이는 대로 생각하는 습관이 있어요. 사랑스러웠다가도 '전화 받지 마'라는 이름으로 전화가 오면 기분이 나빠질 것 같지 않나요? 반대로 좀 미웠다가도 '사랑스러운 딸'이라는 이름으로 전화가 오면 '그래, 얘가 사랑스러운 내 딸이지' 하고 생각하며 받게 되더라고요. 그리고 남편이나 친정 부모님이랑 짜고요, 대화를 할 때 아이를 '사랑스러운 딸'이나 '자랑스러운 딸'이라고 이야기하세요.

"엄마, 우리 사랑스러운 **는 밥 먹고 방에 들어갔어요."

"여보, 우리 자랑스러운 ** 왔어."

이런 식으로요. 사람은 보는 대로도 생각하지만 말하는 대로도 생각하니까요. 그렇게 표현하다보면 손발은 좀 오그라들겠지만 그 말이 우리 귀를 통해 마음으로 들어가, 아이를 사랑스럽게 여기도록 해줄 거예요. 어쩌다 우연히 아이가 그런 표현을 들으면, "왜 이래?" 하면서도 좋아한답니다. 아이들을 만나보니 아닌 척하는 아이는 있어도, 환경 때문에 너무 빨리 어른처럼 자라버린 아이는 있어도, 결국 아이는 아이더라고요.

Q 아이에게 애정 표현이 잘 안 돼요. 사랑을 표현해줘야 한다는 건 아는데요, 제가 경상도 사람이라서 그런지 사랑한다는 말이 잘 안 나오네요. 사랑한다는 말을 못 듣고 자라기도 했고요. 그래도 표현을 해주는 게 좋은 거죠?

A 사실 이런 질문은 정말 많이 받아요. 당연히 표현을 해주시는 게 좋죠. 이런 질문을 하지 않으셨어도 아마 제가 먼저 표현을 해주시라고 말씀드렸을 거예요.

저를 만나러 오는 청소년 중 많은 아이들이 사랑받지 못했다는 말을 하거든요. 그래서 부모님들을 만나면 "지금 사랑해주세요. 사랑한다는 말 많이 해주세요"라는 말을 자주 하게 돼요. 사실 아이들이 사랑받지 못했다고 이야기하면 아이들한테는 아니라고 그래요. "너 아기 안 낳아봐서 그래. 아기를 낳아보면 말이야, 똥 싸고 오줌 싸는 것도 예뻐. 기저귀를 갈아주는데도 기쁘고 행복해. 몸은 힘든데 마음은 그래. 아기가 아무것도 하지 않아도 그저 사랑스러워" 이렇게요. 그럼 아이들이 보통 기억나지 않는다고, 지금은 사랑받지 않는 것 같다고 해요. 그럼 제가 또 그러죠. "아기 때 기억이 없으니까 사랑받지 못했다고 이야기하지만 사랑받은 기억이 나지 않는다고 사랑받지 못했던 건 아니야. 그러니까 그렇게 이야기하지 마. 너, 사랑 되게 많이 받았어." 심지어 부모님 없는 친구들에게도 이런 말을 해줘요. "기억나지 않겠지만 너, 사랑받았어. 널 사랑했지만 어쩔 수 없는 상황과 형편 때문에 헤어지게 되어서 가슴 아프셨을 거야. 기억하지 못할 뿐 사실이야." 박혁거세 말고는 알에서 나온 사람, 없잖아요. 그러니 엄마가 없는 사람은 없는 거죠. 지금 없더라도 엄마가 없는 건 아닌 것처럼 지금 사랑받는 느낌이 없다고 해서 사랑받지 못했던 건 아니라고 거듭 이야기해요.

솔직히 가슴 아프죠. 지금도 충분히 사랑받아야 할 나이인데 사랑받지 못한다고 말한다는 게 가슴 아프잖아요. 하지만 그 말을 무조건 편 들어줄 수는 없어요. 아이들에게는 어른들의 마음을 전하고, 어른들에게는 아이들의 마음을 전해야 중간 어느 지점에서 둘이 만날 수 있을 테니까요. 그래서 아이들에게는 앞에

서처럼 말해주고 어른들에게는 부탁을 하죠. 사랑한다는 말을 많이 해주시라고요. 그럼 그 질문이 자주 돌아와요. 경상도라서 표현을 잘 못하고, 사랑받은 경험이 없어서 잘 못하는데 어떻게 하냐고요. 사실 처음에는 저도 그 말에 공감만 했어요. 저도 사랑받지 못해서 그 마음을 누구보다 더 잘 알거든요. 하지만 이제는 좀 달라졌어요. 그 상태에서 머물러만 있으면 안 된다는 생각이 들었거든요. 그래서 공감해드린 후에 이렇게 이야기해요.

"우리, 경상도 핑계 그만 대면 안 될까요? 전라도 사람이라고 되게 많이 사랑하고, 모든 경상도 출신들이 다 사랑한다는 말을 못하는 건 아니잖아요. 저도 알아요. 지역의 영향이 분명히 있고, 어쩌면 정말 경상도라서 그럴 수 있다는 것을요. 하지만 지금은 그 영향에서 조금 벗어나 우리 자신으로 시작할 수 있어요. 우리 아이들은 지역이나 환경 때문에 사랑을 잘 못한다고 말하지 않도록 우리부터 해보면 어떨까요? 저도 사랑한다는 말을 많이 듣고 싶었어요. 제 주위에도 따뜻한 가정에서 사랑 표현 많이 듣고 자란 친구들이 있거든요. 그럼 확실히 달라 보이고 부러웠어요. 그런데 문득 이런 생각이 들더라고요. 사랑한다는 말을 못 들었는데 사랑하며 살면, 사랑을 많이 받고 자라서 사랑 표현을 잘하는 사람보다 더 멋지다는 생각이요. 기름진 토양에서 꽃을 재배하는 사람보다 척박한 땅을 개척하는 사람이 더 멋지잖아요. 그렇게 멋진 사람이 되어보자고요. 사랑한다는 말이 당최 입 밖으로 나오지 않으면 문자나 편지부터 시작해보세요. 지역이나 환경 핑계를 댈 시간에 한 번이라도 더 사랑을 전할 수 있었으면 좋겠어요."

Q 아이가 너무 내성적이에요. 부끄러움이 얼마나 많은지 앞으로 사회생활도 잘 못하면 어쩌나 걱정이 됩니다.

A 음…… 우선 내성적인 것과 부끄러움은 같은 게 아니라는 말씀을 먼저 드리고 싶어요. 부끄러움은 사회적 판단에 대한 두려움을 말해요. 내성적인 것은 사회적 자극을 포함해서 자극에 어떻게 반응하느냐에 대한 문제이죠. 그래서 외향적인 사람들은 많은 자극들을 갈망하고, 내성적인 사람들은 조용하고 절제된 환경에서 가장 생동감이 있고 능력 또한 잘 발휘할 수 있어요. 어떠세요? 이 정도 설명으로도 부끄러움이 많다는 게 곧 내성적인 성격을 의미하지는 않는다는 걸 아시겠죠? 저도 그랬어요. 막연히 같다고 생각했었는데 이 설명을 들으니 다르더라고요. 그런데 제가 이 설명을 누구에게 들었는지 아세요? 외향적인 사람일까요, 내성적인 사람일까요? 정답은 후자예요. 아주 내성적인 사람이

186

라고 자신을 표현하는 분한테서 들었어요. 그분의 이름은 수잔 케인이라고 해요. 월스트리트의 변호사를 하다가 지금은 작가로 활동하고 있는 분이죠. 그리고 '내성적인 사람들의 힘'이라는 주제로 TED 컨퍼런스에서 강의를 했고, 그 강의는 TED의 여러 강연 중 가장 짧은 시간 안에 조회 수 100만을 돌파하는 기록을 세웠어요. 놀랍죠? 아주 내성적인 사람이 변호사라는 직업을 가지고 있었다는 것도, 강연을 했다는 것도, 그 강연이 그렇게 많은 사람들이 볼 정도로 인기를 얻었다는 것도요. 강연을 하게 된 이유는 더 놀라워요. 내성적인 사람들이 얼마나 위대한 힘을 가졌는지 스스로 증명해 보이기 위해서래요.

수잔 케인은 아홉 살 때 처음으로 캠프를 갔대요. 거기 가서도 책을 읽을 수 있을 거라 생각하고 가방에 책을 넣어갔는데 책을 한 번도 꺼낼 수 없었다고 해요. 캠프 담당자는 외향적이고 사교적이기 위해 노력해야 한다고, 그게 캠프 정신이라고 말했어요. 당황스러웠지만, 그 당황스러움은 캠프에서 멈추지 않았죠. 학교생활을 하면서도 느꼈어요. 내성적인 성향은 올바른 방법이 아니라는 분위기와 교육이 이어졌거든요. 직장도 그랬죠. 학교와 직장은 대부분 외향적인 사람들에 맞게 만들어졌어요. 창의성과 리더십에 있어서 내성적인 사람이 필요하고, 심지어 인구 3분의 1이 내성적인 사람인데 말이에요. 그래서 수잔 케인은 강연에서 여러 연구 결과를 예로 들어 내성적인 사람이 얼마나 창의적이고 생산적인지 들려줘요. 내성적인 사람이 외향적인 사람보다 위대하다는 게 아니라, 내성적인 사람도 위대한 힘을 가지고 있으니 그대로 존중해달라고 피력하죠. 아이도 마찬가지예요. 내성적으로 보이지만 위대한 힘을 가지고 있어요. 내성적인 것은 부끄러운 것이 아니라 그 아이가 가지고 있는 본연의 성향이니까요.

한 가지 더 말씀드릴게요. 심리학자 칼 융은 순수하게 내성적이거나 순수하게 외향적인 사람은 없다고 했어요. 만약 그런 사람이 있다면 아마도 정신병원으로 갔을 거라고요. 우리가 보기에 내성적이기만 한 것 같은 아이도 외향성을 조금은 가지고 있답니다. 그 외향성이 언제 어디서 내향성보다 앞서 나올지 모를 일이고요. 내향과 외향, 한 가지만 가지고 있는 사람은 없으니 우리가 보는 것이 전부는 아니라는 것도 말씀드리고 싶어요.

Q 말이 없는 아이가 걱정돼요. 학교에서의 교우 관계는 괜찮은 건지, 별문제는 없는지 말이에요. 뉴스에서는 연일 청소년 문제를 다루고 있는데……. 우리 아이에게 무슨 일이 있어도 엄마인 제가 모르면 어떡하죠?

맞아요. 그러실 거예요. 걱정되고 불안하시죠. 그 마음 충분히 이해합니다. 뉴스만 봐도 잊을 만하면 청소년 문제가 불거져 나오니, 아이를 키우는 입장에서는 불안할 수밖에 없죠. 청소년이 되면 자기만의 세계를 형성해서 다 알 수 없고 다 알려주지 않아 더 불안하고요. 하지만 아무 일도 생기지 않았는데 걱정을 부풀리는 건 현명하지 않을뿐더러 건강에도 좋지 않아요. 언론에서 다루는 사건들을 보면, 우리 아이 주변의 애들이 저렇지 않을까 불안하지만 사실 극소수의 일이거든요.

제가 어느 라디오 프로그램에서 들은 사연인데요, 아이를 어린이집에 보내는 엄마가 어린이집 교사가 폭력을 저질렀다는 뉴스를 보고는 너무 불안하더래요. 우리 아이도 어린이집에서 부당한 대우를 받고 있는 건 아닐까, 혹시 아이의 선생님이 이상한 사람은 아닐까 하고요. 그런 사건은 한번 발생하면 연일 뉴스에 보도되잖아요. 그러니 며칠 내내 그 뉴스를 볼 때마다 불안함이 커지는 거예요. 그러다 하루는 그 불안함을 이기지 못하고 아이에게 물었대요.

"별(예명)아, 혹시 어린이집 선생님이 널 때리거나 소리 지르거나 하지는 않아?"

"아니야. 우리 선생님은 좋아."

아이는 해맑게 대답했대요. 그래도 불안함이 사라지지 않더래요. 아이가 아직 폭력을 당해도 잘 모르는 건 아닐까, 아니면 무

189

서워서 엄마에게 말을 못 할 수도 있지 않을까 싶어서요. 그래서 또 물었대요.

"정말이지? 정말 아무 일도 없지. 선생님이 소리 지르거나 때린 적 없지?"

"응, 없어."

"정말이지?"

엄마가 몇 번 반복해서 물었더니 아이가 짜증을 내며 소리를 지르더래요.

"정말이야. 나한테 소리 지르는 사람은 엄마밖에 없다고!"

이 사연을 듣고 한참을 웃었어요.

이 사연 속에 저의 모습이, 우리의 모습이 투영되어 있더라고요. 사실이 아닌 불안함이 사실일까 봐 노심초사하잖아요. 그런데 정말 그런 일은 극소수예요. 극소수라도 사실이지 않느냐고요? 그렇죠. 그런데 예를 들어볼게요. 사이코패스가 저지르는 범죄가 있어요. 그 범죄자가 십대이기도 해요. 하지만 전부가 십대만은 아니죠. 이십대, 삼십대, 사십대……. 연령별로 사이코패스는 다 있어요. 그런데 십대라고 하면 우리가 더 경악하고 놀랄 뿐이죠. 아이의 연령대뿐만 아니라 우리 연령대에서도 사이코패스는 있기 마련이에요. 하지만 우리가 사이코패스를 만날 확률은 적죠. 적지만 없지는 않을 뿐이고요. 아이가 뉴스에 나올 만한 사건에 연루되거나, 피해를 입을 확률도 그렇게 적을 거예요. 물론 적은 것이지 없지 않는 건 아니에요. 하지만 그렇다고 걱정을 끌어안고 산다 한들 해결할 수 있거나 미리 막을 수 있는 일은 아니잖아요. 아이의 안전을 위해 할 수 있는 것들을 하고 내가 할 수 없는 부분은 그저 믿을 수밖에 없어요. 혹시 그런 일이 일어나더라도 그 후에 해결할 수 있으니까요. 그러니까 우리, 그런 일이 일어나지 않기를 바라고 믿으면서 지내봐요.

Q 깨진 신뢰가 회복될 수 있을까요? 아이가 몇 번 문제를 일으켰어요. 그런데 이제는 아이가 아니라 저에게 문제가 있는 것 같은 생각이 들어요. 오늘은 평소보다 일찍 학교에서 돌아온 아이에게 무슨 일인가 싶어서 다그쳤지 뭐예요. 단축 수업을 했다고 하더라고요. 그 말을 듣는데 너무 미안했어요. 안 그런다 하면서도 그게 잘 안 되네요.

A 그렇죠. 그럴 수 있어요. 솥뚜껑은 솥뚜껑인데 몇 번 갑자기 발견해 놀라게 되면 자라처럼 보일 때가 있죠.

어느 날 오후에 강의를 하러 가는 길이었어요. 뒤에서 누군가 뛰어오는 소리가 들렸죠. 제가 품고 있는 아이들이었어요.

"쌤~ 어디 가요?"

순간, 아이들을 만난 반가움보다는 걱정이 앞섰죠. 또 학교를 안 갔구나, 싶어서요. 대뜸 물었어요.

"학교는?"

"에이, 학교 축제예요, 오늘 늦게 가요!"

"아……."

저도 몇 번 놀라고 나니 이젠 솥뚜껑 보고도 자라라고 하고 있더라고요. 녀석들과 몇 마디를 더 주고받고 헤어졌는데 참 미안했어요. 솥뚜껑이 자라로 보일 수 있다면 자라도 솥뚜껑으로 보일 수 있어야 할 텐데, 자라는 여전히 자라이고, 솥뚜껑마저 자라이니, 정말 정신 바짝 차려야겠더라고요.

반가워서 들어오는 아이에게 다그침으로 화답하셨으니 많이 미안하셨겠어요. 어떤 어머니는 배고프다는 말을 하려는 아이에게 또 무슨 말을 하려고 하냐고, 또 뭐가 부족한 거냐고 하면서 야단치셨대요. 그런 다음 엄청 자책을 하셨다고 하더라고요. 어머니도 그렇죠? 하지만 이미 지나간 일, 너무 오래 생각하지 마세요. 이미 내려야 할 정류장을 지나쳤다면 다음 정류장에서 내려야죠, 뭐. 버스를 뒤로 가라고 할 수는 없잖아요. 이제부터 정신 바짝 차리고 다음 정류장은 지나치지 않으면 되죠.

정신 바짝 차려요, 우리. 하루 종일 지쳐 들어온 아이를 반갑게 맞이할 수 있도록, 솥뚜껑을 솥뚜껑으로 볼 수 있도록 말이에요.

솥뚜껑은 솥뚜껑이라고, 어제의 문제는 어제 끝났다고 자꾸 생각하고 입 밖으로 내며 인지하자고요. 그러다가 정말 또 자라를 보게 되는 날이 오면 그때도 정신 바짝 차리고 솥뚜껑이 아니라 자라라고 생각하고 말하면 돼요. 그 전에 솥뚜껑이 자라로 변신하지는 않아요. 심호흡하고 해봅시다. 내려야 할 정류장을 지나쳤다고 돌아오지 못하는 건 아니잖아요. 자, 다음 정류장에서 내리셨으니 천천히 다시 걸어가봅시다. 괜찮아요. 지나친 정류장이 한 정류장뿐이니 참 다행이잖아요.

Q 사과에서 진심이 느껴지지 않아요. 아이는 진심이라고 하지만 제가 보기에는 하나도 뉘우치지 않고 더 혼나기 싫어서 형식적으로 사과하는 것 같아요. 이런 태도를 어떻게 고치죠?

A 음…… 조금 생뚱맞은 이야기일지도 모르겠는데요, 저는 가해자의 보호자일 경우가 많아요. 제가 품고 있는 녀석들이 사고를 치면 저는 그들의 보호자로 동행하게 되거든요. 저는 합의하러 가는 길에 누누이 부탁해요. 사람과 사람 사이의 일은 돈으

로, 혹은 그 무엇으로 대신할 수 없다고요. 무엇보다 진심의 사과가 먼저라고요. 그럼 아이는 정말 진심으로 사과를 하죠. 그런데 피해자의 보호자는 절대, 진심이 아니라고 할 때가 많아요.

물론 아이가 진심이 아닐 때도 있어요. 하지만 진심일 때도 많거든요. 제 눈에는 보이는데, 상대방의 눈에는 보이지 않는 것 같아 속상하죠. 피해 보상은 하겠지만, 그보다 먼저 진심의 사과를 하고 싶었던 건데, 그게 진심이 아니라고 하니까요. 그런 일들을 많이 겪으며 그 '진심'이라는 단어에는 자기만의 기준이 있다는 걸 느꼈어요. 스스로가 생각하는 진심의 사과, 그것만을 정답으로 요구하면 곤란하잖아요. 마음을 보려 하지 않고 표현 방식에만 집중하게 되니까요. 그건 진심이 아니라, 자신의 구미에 맞는 형식에 지나지 않는데, 꼭 그렇게 해야만 진심이라고 생각해요. 마치 내 방식의 서술은 용납하지 않았던 고교 시절의 답안지 같아요.

그렇게 내가 가르친 진심과 상대방이 말하는 진심이 다른 경우, 저는 아이에게 할 말이 없어져요. 이 세상이 미안하고, 이 사회가 미안하고, 어른이 미안해요. 세상과 사회와 어른이 가해자죠. 그럼 우리 아이도 피해자가 되는 거예요. 그럴 때 저는 아이에게 버럭 소리를 지르게 돼요. "그냥 무조건 무릎 꿇고 빌어. 저쪽에서 원하는 대로 할 수밖에 없잖아"라고 말이에요.

우리는 어른이잖아요. 그래서 우리가 요구하는 방식이 있는 거예요. 하지만 아이잖아요. 아이라서 아직 방식이 굳어지지 않았어요. 우리는 무릎을 꿇어야 진심인 것 같지만 아이는 고개 숙이는 것이 최선일 수 있어요. 우리는 눈물을 뚝뚝 흘리며 사과해야 진심인 것 같지만 아이는 아무 말도 못하고 서 있는 게 최선일 수 있어요.

아이는 진심으로 사과했을 거예요. 아이의 방식과 관계없이 그 진심을 믿어주세요. 진심이 아니면 어떻게 하냐고요? 그래도 진심이라고 믿어주시면 안 될까요? 그럼 그 믿어주는 진심에 아이가 진심으로 감동할 거예요.

결국 마음을 움직이는 건 진심이니까요. 세상을 살다보면 정말 믿을 사람이 많이 없죠. 아니, 믿을 사람보다 믿어주는 사람이 더 없죠. 그러니 우리라도 믿어주면 어떨까요? 남의 자식이 아니라 내 자식이잖아요. 그 바보 같은 믿음에도 사람이 변화되는 걸 저는 참 많이 보았답니다.

교우 관계가 원만하지 않아요. 원래 친구가 많지 않은 아이인데 최근에 친한 친구랑 싸운 모양이에요. 그런데 물어봐도 대답을 안 해주네요. 말을 해야 심각한지 어떤지 알 텐데. 심각한 문제라면 학교폭력위원회에 제소라도 할 텐데 말이에요. 도무지 말을 안 하니 답답하기만 해요.

A 상담 내용과 관계되는, 조금 다른 이야기를 해볼게요. 얼마 전에 비슷한 상담이 있었거든요.

한 어머니가 아이의 친구 관계가 너무 걱정이 되어서 저를 찾아오셨어요. 저는 아이와 먼저 이야기를 해보겠다고 했죠. 어머니가 가고 아이에게 물었어요. "친구 관계가 많이 힘들어?" 아이는 잠시 머뭇거리다 말했어요. "친구 관계가 아니라, 내 편이 없는 게 힘들어요." 아이와 한참 이야기를 나눠보니, 아이는 집에서라도 온전히 자기편인 사람이 있었으면 좋겠다는 마음을 털어놓더라고요. 그리고 한참을 울었어요. 아이와 상담을 마친 저는 어머니를 불렀죠. 어머니가 충격을 받으실까 봐 에둘러서 말했어요.

"제가 요즘 자주 하는 생각이 있어요. 내가 정말 나쁜 죄를 지어도, 아주 큰 오해를 받게 돼도 날 믿어줄 사람이 얼마나 될까? 이런 생각이에요. 자꾸 생각해보게 돼요. 지금까지는 그래도 꽤 잘 살았는데 앞으로는 그렇게 살 자신이 별로 없거든요. 그래서 그런 생각을 하는 것 같아요. 그때 떠올린 사람들이 진짜 내 편이겠지, 싶으면 안심이 돼요. 맛있는 밥 많이 사주는 부자 친구보다, 진짜 내 편인 친구가 더 좋은가 봐요. 아이도 그런 편이 필요하지 않을까요? 어머니가 그 편이 되어주시면 참 좋겠어요. 문제를 해결해주려는 사람보다 문제를 앞에 두고도 괜찮다고 손을 꼭 잡아주는 내 편이요. 어머니도 그런 편이 필요하시잖아요. 아이도 그렇대요. 친구 관계는 잘 해결되었다니까 걱정 마시고요."

순간 웃으며 들어오셨던 어머니가 눈물을 참으려고 눈에 힘을 주는 모습을 보았어요.

그러고 보면 우리도 참 약한가 봐요. 인정하기 싫지만 그렇죠. 우리는 아이의 마음을 몰랐던 게 아니라 내 자신의 마음속 아이를 들키는 게 더욱 두려운, 어쩌면 아이보다 더 약한 존재인지도 모르겠어요. 하지만 아이들은 우리 마음속 아이를 더 보고 싶은가 봐요. 그 아이가 자신의 손을 잡고 편이 되어주기를 바라는 것 같아요.

물론 친구 관계가 아이의 삶을 위협하는 경우도 간혹 있어요. 그럼 그 문제를 어디서부터 풀어야 할지 고민하는 게 당연해요. 그런데 아이가 스스로 해결할 방법을 찾고 그 방법을 실천하도록 기다려주셨으면 좋겠어요. 아이들이 싸우면 바로 어른들이 개입

해서 학교폭력위원회에 제소를 하고, 처벌이나 합의 등으로 마무리를 해요. 물론 꼭 제소해야 하는 문제도 있죠. 전학 등의 방법을 찾아야 하는 문제도 분명히 있고요. 하지만 그렇지 않은 경우, 어른들이 나서서 해결하는 바람에 아이들이 스스로 관계를 개선하는 방법을 잊어요. 처벌을 받았으니 사과는 안 해도 된다고 생각하거나, 사과를 한 것이 관계 개선이 아니라 처벌이라고 생각해버리는 경우가 많거든요. 그게 저는 안타까워요. 아이들은 싸웠다가도 화해하며 관계를 회복하기도 하고, 싸우고 화해하지 못해 관계가 깨지는 경험도 하며 크는 거잖아요. 이처럼 자라며 스스로 배워야 할 것들까지 어른들이 빼앗아가는 경우를 많이 봐요. 그래서 저는 관계에서 문제가 일어날 경우, 그 해결 과정도 아이의 입장에서 한편이 되어 진행해야 한다고 생각해요.

하지만 그 이전에 상담 사례처럼 그것이 문제가 아닌데 우리가 지레 겁을 먹고 걱정하는 거라면 잘 생각해봐야 해요. 우리 마음속에는요, 다른 문제보다는 차라리 그 문제이기를 바라는 이상한 마음도 있거든요. 우리도 약한 존재라, 우리가 해결할 수 없는 문제라면 어떡하나, 혹 우리가 문제라면 어떡하나, 하는 두려움이 있다는 이야기예요. 하지만 그 두려움 때문에 아이의 문제를 함부로 규정하면, 아이의 마음이 더 다쳐요. 그러니 정말 잘 살펴봐야 해요. 아이한테 있는 문제가 정말 교우 관계 때문인지, 다른 이유 때문인지, 진심의 편이 필요한 건 아닌지 말이에요. 모든 문

제가 자신의 이야기를 규정하지 않고 들어주는 편이 있다면 풀릴
수 있을지도 몰라요.

Q 저의 우울이 아이에게 전염돼요. 저에게 우울한 일이
있는데, 아이에게는 말하지 않았어요. 그런데 아이도 우울해
하네요. 제가 말하지 않아도 감정이 전달되는 걸까요? 아이만
이라도 우울하지 않게 하는 방법은 없을까요?

A 저희 둘째 딸이 다섯 살 때의 일이에요. 아이를 데리러 어
린이집에 갔는데, 담당 선생님이 염려스러운 표정으로 이렇게 말
씀하시는 거예요. "이상해요. 항상 밝은 아이인데, 요즘에는 의기
소침해보여요. 혹시 집에 무슨 일이 있나요?" 저는 아니라고, 관
심 있게 봐주셔서 감사하다고 말하고 아이와 함께 어린이집을 나
왔어요.
　정말 우리 집에는 아무 일도 없었거든요. 하지만 선생님의 말
이 틀린 말이 아니라는 걸 저는 알고 있었어요. 그 즈음 저는 육
아를 위해 접었던 일을 다시 시작하려 하고 있었답니다. 하지만
제게 원고를 청탁해오는 곳은 없었죠. 잡지사나 출판사에서 자리

를 잡고 있는 친구들과 통화하며 일을 구하는 동안, 저는 간신히 갖고 있던 자존감을 바닥에 툭 떨어뜨리고 말았어요. 점점 우울해졌죠. 그러니까 '우리 집'이 아니라 '내 마음의 집'에서 무슨 일이 일어나고 있었던 거예요.

딸에게 화를 내거나 짜증을 내지는 않았어요. 오히려 자칫 우울함이 나를 박차고 나가 우리 집을 돌아다닐까 두려워 조심하고 또 조심했죠. 그런데 언제 내 감정이 새어나간 걸까? 왜 밝기만 했던 딸이 나와 같은 감정을 갖게 된 걸까? 저는 스스로에게 질문했고, 며칠을 고민한 후에 답을 찾았어요. 그리고 요즘 부모 강의를 할 때 그 답을 풀어 이야기하곤 해요. "엄마의 감정은 아이에게 전달돼요. 엄마와 아이는 정서의 탯줄로 연결되어 있거든요."

정서의 탯줄! 그것이 답이었어요. 출산과 동시에 탯줄을 자르지만, 여전히 정서의 탯줄은 연결되어 있는 거예요. 그리고 엄마의 감정은 그 탯줄을 통해 아이에게 전달되죠. '정서의 탯줄'이라는 답을 찾은 저는 딸의 우울을 치료하려고 하지 않았어요. 먼저 나의 우울을 치료하려고 애썼죠. 다시 글을 쓸 수 있는 나를 기대하고 기도하며, 자존감을 회복하려고 노력했어요. 내 마음의 집에 위로와 용기를 불어넣었죠. 결국 나는 다시 웃을 수 있었고, 덩달아 딸도 웃었어요. '아이가 컨디션을 회복했어요. 다시 밝아져서 저까지 더 밝아지는 느낌이에요.' 그 이후에 어린이집 선생님이 수첩에 이렇게 적어 보내셨더라고요.

저는 친정 엄마가 돌아가셨지만 친정 엄마가 있는 친구들은 안부 전화를 하고 나서 이상하게 걱정이 된다고 할 때가 종종 있어요. 엄마가 직접 말씀하신 건 아닌데 꼭 무슨 일이 있는 것 같다고요. 물론 그냥 지레짐작일 수도 있겠지만, 저는 그것 또한 정서적 탯줄 때문이라는 생각이 들어요. 사람은 아무리 친해도 말하지 않으면 모르는데, 이상하게 부모와 자식은 말하지 않아도 알아지는 경우가 있거든요.

해맑고 밝은 아이를 원하신다면 자신이 먼저 우울해지지 말아야 해요. 그게 금방 해결될 감정이 아니라면 아이와 그 우울을 앞에 두고 솔직히 이야기를 나누셔도 좋습니다. "엄마가 요즘 이런저런 생각에 우울한데, 네가 없으면 더 힘들었을 것 같아. 네가 있어서 참 다행이야." 이렇게 고백의 소재로 우울을 사용하셔도 좋아요. 그동안 정서의 탯줄은 우울뿐 아니라 기쁨도 많이 흘려보냈을 거예요. 그러니 아이에게 미안해하지는 않으셔도 됩니다.

6

부모 노릇이
원래 힘든가요?

Q 왜 아이 걱정은 끝이 없을까요? 아이가 기어 다닐 때
는 걸어 다니기만 하면 좋을 것 같았는데, 걸어 다니니까 넘어
질까 봐 걱정이 됐어요. 유치원만 잘 다니면 좋겠다고 생각했
는데, 초등학교 가니 또 노심초사하게 됐고요. 이제 십대가 되
니 걱정할 게 더 많아지네요. 부모라는 일은 정말 끝이 없나
봐요.

A 그렇죠. 정말 답이 없어요. 부모 노릇은 끝이 없다는 말밖
에는 정말 정답이 없는 거 같아요. 우리도 청소년 때는 대학만 가
면 될 것 같았는데 대학 가니 여전히 힘들었잖아요. 또 밥벌이를

무엇으로 할까 고민하며 지냈고, 밥벌이를 하게 되면 결혼을 고민했죠. 결혼하면 끝나야 하는데 또 아이가 태어나 공부시키느라 힘들잖아요. 게다가 아이의 대학까지 고민해야 하고요. 그다음은 또 우리 아이의 밥벌이를 고민하겠죠? 아이가 밥벌이를 하고 결혼을 하면 끝날까요? 아닐 거예요. 우리들의 부모님을 보면 알 수 있잖아요. 손주 대학 가는 걸 걱정하고 계시잖아요. 그다음은 손주 밥벌이를 걱정하시겠죠. 우리도 그럴 거고요.

끝도 없고 쉽지도 않아요.(웃음) 그래도요, 부모가 일은 아닌 것 같아요. 일이라면 당장 때려치웠을 텐데 그럴 수 없으니 일은 아닌 거죠. 특히 주부의 생활을 보면요, 정말 일이라면 할 수 있을까 싶어요. 직장처럼 퇴근 시간이 정해져 있는 것도 아니고, 할 일이 매일 바뀌고 쌓이고…… . '일이 아니라 삶이라 할 수 있는 것은 무엇일까?' 이 질문에 대한 정답이 부모라는 이름인가 봐요.

얼마 전에 친한 동생이 SNS에 육아의 고됨을 털어놓는 글을 썼길래 제가 댓글을 달았어요.

엄마만큼 정답 없는 이름도 없더라. 그래서 불안해하고 두려워하며 이만큼이나 온 너에게 박수를 보내고 싶다. 누가 뭐래도 참 잘했어. 그리고 생각해보면 딱 하나의 정답은 있더라. 그건 너의 자녀가 **인 것, **의 엄마가 너인 것이야. 그런데 다시 생각해보면 그만한 정답도 없는 것 같다.

여러분에게도 같은 답을 드리고 싶어요. 부모만큼 정답 없는 이름도 없더라고요. 그래서 불안해하고 두려워하며 이만큼이나 온 여러분에게 박수를 보내고 싶어요. 누가 뭐래도 참 잘하셨어요. 그리고 생각해보면 정답이 딱 하나 있긴 해요. 그건 여러분의 자녀가 그 빛나는 녀석인 것, 그 빛나는 녀석의 부모가 여러분인 것이죠. 그런데 다시 생각해보면 이만한 정답도 없는 것 같아요.

Q 스스로 부족한 부모처럼 느껴져요. 정말 부모란 너무 어려운 것 같아요. 특히 요즘엔 다 잘못하는 것 같아서 괴로워요.

A 그런 생각이 들 때가 있죠. 이렇게 상담을 하고 있는 저도 그런 걸요. 얼마 전에요, 저한테 메일이 하나 왔어요. "나 칭찬 한 번만 해주시면 안 돼요?"라는 질문이 메일 내용의 전부였거든요. 답장을 보내려고 했는데, 발신 전용 메일이라 답장이 불가하다는 알림이 뜨더라고요. 어쩌지…… 고민하다가 다시 보니, 이름과 연락처가 적혀 있었어요. 참 다행이었죠. 아이의 이름과 연락처를 저장하고 뭐라고 쓸까 고민하고 고민하다가 문자를 보냈어요.

"너는 너무 잘하고 있어. 세상 어디에도 필요 없는 거 같은 기분일 때 세상은 너를 매우 필요로 한다는 걸 잊지 마. 너는 이 세상에 필요한 사람이야. 지금도 너무 잘하고 있어."

부족한 저의 칭찬이 아이의 숨이 되기를 간절히 바라며 쓴 문자였어요. 잠시 후, 고맙다고, 다시 힘을 내보겠다는 답장이 왔죠. 답장을 받으니 그런 생각이 들더라고요. 그래도 아이들은 칭찬해달라고 말이라도 할 수 있는데, 어른이 되면 그럴 수 없잖아요. 그래도 되는데 왜 안 된다고 생각하며 사는지 모르겠어요. 우리 마음속에도 아이가 있는데 말이에요.

제 책 중에 《너는 문제없어!》라고 있어요. 책이 판매된 데이터를 보니까 청소년 도서인데 삼십대 여성들이 많이 구입을 했더라고요. 그 데이터를 보며 출판사 직원분과 "어른이 되어도 문제없단 이야기를 듣고 싶나 보다" 하는 이야기를 나눴어요. 말해도 되는데 그렇다고 말하기가 나이가 들면서 더 어려워지는 것 같아요.

마지막으로 제가 해드리고 싶은 말씀을 드리고 상담을 마치겠습니다.

"당신은 너무 잘하고 있어요. 세상 어디에도 필요없는 것 같은 기분일 때 세상은 당신을 매우 필요로 한다는 걸 잊지 마세요. 당신은 이 세상에 필요한 사람이에요. 정말 좋은 부모예요. 당신의 자녀는 당신이라는 부모를 두어서 무척 행복할 거예요. 그러니까 너무 자신을 미워하지는 마세요. 당신도 당신 부모에게는 너무 예쁜 자녀잖아요. 그 이전에 당신은 당신이잖아요. 걱정하지 마세요. 지금도 너무 잘하고 있으니까요."

Q 부모로 사는 게 행복하지 않아요. 전에는 참 좋았는데 어느 순간부터 마음이 힘들기만 합니다.

A 그래요, 우리는 그렇죠. 행복하다는 생각보다 행복하지 않다는 생각을 더 자주 해요.

얼마 전에 어떤 영화를 보고 나오면 스탬프를 찍을 수 있는 이벤트를 봤는데요, 스탬프에는 'UN HAPPY'라고 새겨져 있더라고요. 어쩌면 그 스탬프가 솔직한 것인지도 모르겠다는 생각을 했어요. 그런데요, 우리에게도 오류가 있지 않나요? 분명히 작은 것에 행복했는데, 이상하게도 큰 행복을 바라게 되잖아요. 아이가 처음 뒤집었을 때, 그 행복감 기억하세요? 아이가 처음 걸음을 떼었을 때, 그 기쁨 기억하세요? 지금도 그 순간을 떠올리면 입가에 미소가 번지지 않나요?

어젯밤 저는 딸들에게 오스카 와일드의 《행복한 왕자》를 읽어주었어요. 불과 몇 년 전, 동화 버전을 읽어주며 원작을 읽어줄 날이 오기를 바랐는데, 어느새 그날이 왔더라고요. 그 생각을 하니 정말 신기하고 행복했어요. 어쩌면 행복은 이렇게 아주 사소한 것일지도 모르겠어요. 그 사소한 것이 감히 정답을 뛰어넘고, 씩씩하게 우리 앞으로 다가와 말하는 것인지도 모르죠. 세상의 높은 곳에 가야 행복이 있을 것처럼 말하지 말자고. 행복은 바로 여기, 우리 앞에, 매일, 있다고.

부모로서 느낄 수 있는 행복은 다른가요? 아니요, 저는 그렇지 않다고 생각해요. 아이가 기었을 때 환호성을 지르던 우리가, 아이가 걸었을 때 기쁨에 벅찼던 우리가, 그 기쁨을 잊고, 성적이 좋아야만 엄마가 행복한 거라고 우기지만 않는다면요.

그리고 한 가지 팁을 드리자면, 이기적인 시간을 꼭 보내시라는 거예요. 우리가 세일할 때 백화점에서 쇼핑을 하고 돌아와 속상한 이유는 뭘까요? 남편 옷과 아이 옷만 사서 그럴까요? 아니요. 우리 옷을 사지 못했기 때문이에요. 자신의 욕구를 참았기 때문이죠. 사세요. 사셔도 돼요. 그 옷이 한 달 생활비를 탕진할 정도로 비싼 거라면 몰라도 그렇지 않다면 사세요. 우리, 그거 하나 안 산다고 부자 안 돼요. 제가 부자들을 만나보니까 그들은 물건을 하나도 안 사고 돈을 모아서가 아니라, 그냥 원래 부자더라고요.(웃음)

최소한의 이기가 없다면 이타는 만들어질 수 없어요. 희생을 통해 행복을 얻는 게 아니라 내가 행복해야 희생도 할 수 있는 거라고 생각해요. 우리가 희생한다고 아이가 행복해지는 게 아니라 우리가 먼저 행복해야 아이가 행복해지는 거 아닐까요? 자신에게 물어보세요. 자신이 이기적으로 바라는 게 옷인지, 영화인지, 공연인지, 다른 것인지. 그리고 그 마음에 응답해주세요. 부모는 꼭 부모로서 행복을 찾아야 하는 게 아니라 자신으로서 행복을 찾아도 돼요. 아니, 그래도 되는 게 아니라 그래야 해요.

Q 마음을 다스리기가 힘들어요. 저의 삶은 참 파란만장했어요. 산전수전, 공중전까지 다 겪었죠. 아이를 혼자 키우면서는 더욱 그랬답니다. 그러면서 시간이 지나면 더 강해질 줄 알았어요. 그런데 아니네요. 저나 아이에게 문제가 생기면 여전히 처음처럼 무너져요. 왜 강해지지 않을까요? 너무 못난 부모 같아요.

A 제 지인 가운데 짧은 시간에 어마어마한 시련을 겪은 친구가 있어요. 곁에서 지켜보는 것도 고통스러울 만큼 혹독한 시련이었죠. 그 친구가 어머니랑 비슷한 이야기를 하더라고요. 시

련을 겪은 후엔 강해질 줄 알았는데 더 약해진 자신을 발견하곤 꽤나 놀랐다고요. 그 모습을 보고 친구의 스승이 그러더래요. "시련으로 사람이 강해지진 않아. 사람을 강하게 만드는 건 사랑이야. 사랑밖에 없어." 그 말이 마음 깊숙한 곳을 차분하게 만들더라고요. 계속 사랑을 '잘'하고 싶은 마음이 달처럼 떠올랐어요.

시련을 겪었지만 강해지지 않아도 괜찮아요. 더 약해진 모습을 자식에게 들켜도 괜찮아요. 저는 거센 바람에 흔들리지 않는 나무보다 이리저리 흔들리면서도 제자리에 서 있는 나무가 더 정이 가던데요. 아이도 그럴 거예요. 이리저리 흔들리면서도 제 곁에 서 있는 엄마가 더 사랑스러울 거예요. 그런 아이를 보는 엄마의 눈에도 사랑이 뚝뚝 떨어질 걸요? 우리 그렇게 사랑하며 조금씩 강해져봐요.

Q 저는 이기적인 엄마일까요? 쇼핑을 할 때도 아이의 옷을 샀으면 내 옷도 꼭 사야 하고요, 나만의 시간도 중요하게 생각하죠. 아이를 위해서만 살 수는 없는 거 아닐까요? 그런데 다른 엄마들을 보면 저와 달라요. 저만 이기적인 걸까요?

𝒜 이기적인 게 아니라 솔직하신 거예요. 사람은 누구나 그만큼은 이기적이어야 살거든요. 한번은 마더 테레사의 삶을 그린 책을 읽다가 문득 궁금해지더라고요. 마더 테레사는 정말 그렇게 봉사만 하다 가신 걸까? 생각해보다가 피식 웃음이 났어요. '글을 썼잖아!' 하는 생각이 들었거든요. 이웃을 위해 봉사하며 살다 간 마더 테레사도 글을 쓰는 시간만큼은 온전히 자신의 시간이었을 거예요. 저는 최소한의 이기를 지켜야 최대한의 이타가 가능하다고 생각해요. 그리고 최소한의 이기는 솔직하게 표현할 수 있어야 한다고 생각하고요. 그건 나쁜 일이 아니라 건강한 생각이니까요. 엄마로 사는 일도 이타잖아요. 엄마도 최소한의 이기는 생각하고 표현하며 살아야 가능하죠.

언젠가 갓 스무 살이 된 아기 엄마가 찾아왔어요. 고3 때 임신을 하고 스무 살이 되어 결혼을 했대요. 아기를 낳아 시댁에서 살고 있었어요. 하지만 저를 찾아왔을 때는 아기를 시댁에 두고 나온 후였죠. 남편은 대학생인데 그녀는 학교를 포기하고 아기 엄마로 살았어요. 남편이 학교에 가면 시어머니의 구박이 시작됐죠. 한시도 쉬지 못하게 하고 집안일을 시켰대요. 폭언은 뭐 일상적으로 항상 들었고요, 말할 수 없이 힘들었대요. 하지만 남편이 학교에서 돌아오면 시어머니는 다른 사람이 되었죠. 아주 다정한 시어머니 코스프레를 했다고 해요. 그녀는 점점 미칠 것 같았고, 하루에도 열두 번씩 아기를 두고 도망 나오고 싶었대요. 하지만 도저히 아기를 두고는 나올 수가 없어 주저앉고 주저앉다가 결국 그 집을 뛰쳐나왔어요. 다시는 들어가고 싶지 않은데 아기를 생각하면 들어가야 하냐고 묻는 그녀에게 저는 아기 말고 자신을 생각하라고 말했어요. 누구를 생각해서 내린 결정은 후회가 밀려올 때 결국 그 누구를 원망하게 된다고. 우선 자신을 위해 어떤 결정을 내려야 할지 생각하고, 그게 아기와 함께 사는 거라면 아기를 데려올 수 있는 방법을 생각해보자고요.

엄마가 떠났지만 꿋꿋하게 잘 살고 있는 아이가 있어요. 엄마와 함께 살지만 엄마가 매일 "너 때문에 내가 이렇게 되었다"고 주정을 부려 망가져버린 아이도 있죠. 아기 때문에 자기 삶이 망가졌다는 엄마도 있고, 아기와 함께 행복하게 살고 있다며 열심히 노력하는 엄마도 있어요. 그래서 정답은 없지만, 자신이 빠진 행복은 없다고 생각해요. 자신이 빠진 '함께'가 불가능한 것처럼요.

어머니 말씀대로 자신의 시간이 있어야 해요. 그래야 함께 하는 시간이 가능하거든요. 엄마도 사람이라 자녀만을 위해 사는 건 불가능해요. 지금처럼 그렇게 사세요. 단 한 가지, 곁눈질하며 비교 저울에 자신을 올려놓지 않으셨으면 좋겠어요. 어머니의 질문 속에 이미 비교 저울이 들어 있거든요. 다른 엄마들과 똑같이 살 필요는 없어요. 어머니는 어머니이지, 그 누구가 될 수는 없으니까요. 그리고 자식만을 위해 사는 것처럼 보이는 엄마들도 실

상은 어떤지 알 수는 없잖아요. 그러니 비교 저울은 분리수거함
에 버리고, 자신의 시간을 잘 누리세요.

Q 끝없이 잔소리를 하게 돼요. 언제부턴가 아이가 크면
서 축복의 말을 잊고 사는 거 같아요. 아기였을 때는 저절로
축복의 말이 쏟아져 나왔는데요. 요즘은 왜 그렇게 한심해 보
이는지 모르겠어요.

A 전 가끔 미혼모가 된 청소년을 만날 일이 있답니다. 제가
전문적으로 미혼모를 돌보는 사람은 아니라서 자주는 아니지만,
전에 상담했거나 품었던 아이들이 미혼모가 되어 찾아올 때가 간
혹 있어요. 아이가 아이를 낳은 모습을 볼 때면, 걱정스러운 마음
한 편으로 이런 생각이 들어요. 흐르는 강물 같은 시간 속에서 새
로 태어나는 생명만큼은 조건, 상황, 배경 등 그 어떤 판단도 끼
어들 틈이 없었으면 좋겠다는 생각이요. 그저 생명이라는 이유가
그 생명의 유일한 판단 조건으로 허락되어 온전히 축복받았으면
좋겠어요. 청소년들을 만날 때도 같아요. 아이들의 상황이나 배
경으로 판단하고 단정 짓는 사람들을 만나면 생명으로, 그 존재

만으로 축복해주기를 간절히 바라게 돼요. 청소년이 되었다고 생명이 아닌 건 아니잖아요. 똥 싸고 먹고 오줌 싸고 먹는 것밖에 안 해도 생명이라 기뻤던 그 아기가 지금 한심해 보이는 그 아이잖아요. 그 사실을 기억해주세요.

한때 인기를 누렸던 〈SNL〉이라는 예능프로그램에서 콩트 한 편을 본 적이 있어요. 한 학생이 성적표를 받고는 집에 못 들어가겠는 거예요. 9등급이 나온 걸 엄마가 알면 야단을 맞을 게 뻔하니까요. 그래서 망설이던 중 성적이 잘 안 나와도 집에 들어갈 수 있게 해주는 심부름센터를 발견해요. 그곳에 의뢰를 하죠. 엄마는 집에서 기다리고 있었어요. 처음에는 빨리 오라고 문자를 남기고 소리를 지르며 음성 녹음을 보냈는데, 점점 시간이 지나자 걱정이 되는 거예요. 그럴 때 별생각이 다 들잖아요. 사고가 났나, 무슨 일이 있나……. 점점 마음을 졸이고 있는데 초인종이 울렸어요. 엄마는 얼른 뛰어나갔죠. 문을 열자 경찰관과 소방관이 서 있었어요. 엄마는 놀랐고, 경찰관이 물었죠. 여기가 김민수네 집이냐고. 엄마가 맞다고 하니까 소방관이 "아…… 어머니……, 민수가…… 민수가……" 하면서 울먹거리는 거예요. 엄마가 도대체 무슨 일이냐고, 우리 민수 어디 있냐고, 살아 있냐고 물으며 주저앉았어요. 경찰관이 "어머니……, 민수가…… 민수가…… 9등급이 나왔습니다" 하니까 엄마가 "민수가…… 9등급…… 네? 괜찮아요. 우리 민수 어딨어요? 살아 있죠?" 하니까 뒤에서 민수가 "엄마……" 하며 나오는 거예요. 엄마가 민수를 부둥켜안았어요. 민수가 "엄마, 나 9등급인데 괜찮아?" 하고 묻자 엄마는 당연히 괜찮다며 울었죠.

어머니, 사실 생명은 그런 거잖아요. 존재만으로도, 살아 있다는 것만으로도 사랑받아야 하는……. 아이를 잃은 어머니의 소원은 아이가 살아 돌아오는 거지, 그 이상은 없더라고요.

어머니, 그 한심해 보이는 아이가 살아 있죠? 아기 때 옹알이만 해도 신기하고, 그저 건강하게만 자라기를 바랐던 그 아이가 맞죠? 그럼 너무 기쁜 일이잖아요. 생명이 위험하다면, 사고가 난다면, 아프다면, 그깟 등급 따위가 무슨 소용이겠어요. 성적을 생명과 바꿀 수 없잖아요. 잔소리만 하게 되는 그 아이는 생명이라는 사실만으로도, 그 존재만으로도 축복 받아야 해요. 생명만큼은 조건, 상황, 배경…… 그 어떤 판단도 끼어들 틈이 없는 축복, 그 자체였으면 좋겠어요.

Q 아이한테 너무 서운해요. 그래서 딸이 보기 싫을 때가 있어요. 제가 생각해도 너무 유치해서 숨기려고 하는데 잘 안 숨겨지고, 그런 제 자신이 참 힘이 듭니다.

얼마 전 상담을 하러 가는 길에 비가 내렸어요. 그러잖아도 힘들다는 사람을 만나러 가는데 비까지 내리니 마음이 더 무겁더라고요. 저는 서둘러 발걸음을 옮겼죠. 내담자는 아이의 문제 때문에 뜬눈으로 밤을 보내고 새벽녘에 카톡으로 상황과 심정을 털어놓은 분이었어요. 얼마나 착잡한 마음일까 생각하며 만남의 장소에 들어섰죠. 한데, 먼저 도착해 있던 내담자가 제 걱정과 달리 환하게 웃으시는 거예요.

"비가 오니까 너무 좋죠? 빗소리가 너무 예쁘지 않아요?" 내담자는 해맑게 웃으며 물었어요. 제가 의아한 표정을 짓자 내담자는 웃는 얼굴로 한마디를 덧붙였어요. "저는 어렸을 때부터 빗소리를 좋아했거든요."

그 순간 저는 한 소녀가 상상되었어요. 지금 아이를 키우느라 지친 엄마 말고요, 비만 오면 좋아서 헤벌쭉 웃던 소녀요. 그 소녀가 마음에 한가득 짐을 실은 엄마가 되어 앉아 있었지요. 그 소녀는 몰랐겠죠? 이렇게 엄마가 될 줄은. 이렇게 엄마란 역할이 힘들 줄은. 그녀의 지친 얼굴 위로 해맑게 웃는 소녀가 겹쳐졌어요. 소녀 위에 내려앉은 지친 얼굴이 안타깝고 안쓰러웠죠.

가끔 이렇게 어른을 만나러 왔다가 아이를 만나고 가는 경우가 있어요. 그럼 그 아이를 잘 만나주어야 해요. 그래야 부모의 마음속 아이가 나와 자녀의 마음 밖 아이와 만날 수 있거든요. 단지 그것만으로도 해결되는 경우가 참 많아요.

예전 같으면 누군가 "좋은 어른이 된다는 건 어떤 거예요?"라고 묻는 말에 뭔가 거창하게 대답을 지어냈을 거예요. 그런데 지금은 달라요. "좋은 어른이 된다는 건 마음속 어린이와 청소년과 청년이 사이좋게 지내고 있는 거예요" 하고 대답할 거예요. 우리가 엄마가 되었다고 그 소녀가 사라진 건 아니니까요. 마음속에 있거든요. 그 소녀는 여느 사람처럼 씩씩할 때도 있지만 슬플 때도 있어요. 서운함 정도는 가벼이 넘길 때도 있지만, 물 먹은 솜처럼 무겁게 내려앉을 때도 있는 거죠. 그럴 때는 자녀보다 먼저 그 소녀를 만나주세요. 그리고 괜찮다고 말해주세요.

Q 제 단점을 그대로 닮았어요. 아이에게서 그 단점이 보일 때마다 마음이 괴로워요.

A 맞아요. 왜 그럴까요? 꼭 닮지 않았으면 하는 부분이 닮아서는 그 사실이 우릴 괴롭게 하죠. 그런 생각을 하는 부모님들을 많이 만나 뵈었어요. 자신이 그걸 가지고 있는 것도 싫은데, 떼어버릴 수 없는 것도 화가 나는데, 아이를 통해 그걸 발견하며 살아가야 하니까요. 더구나 단점 때문에 부모님께 꾸중을 들으며

자랐거나, 단점을 혐오하며 자랐다면 더욱 부정적인 감정에 휩싸일 수밖에 없죠.

그런데요, 우리도 살면서 겪었지만 그거, 버려지지 않는 거잖아요. 아무리 떼어내려 해도 안 떼어지는 혹 같은 거잖아요. 그럼 그 혹도 나라고 생각하는 게 맞지 않을까요? 혹을 혹으로만 여기지 말고 차라리 예뻐해주면 좋겠어요. 어차피 떼어낼 수 없는 거라면 미워해서 무슨 소용이 있겠어요. 자신의 마음만 다치고 말죠. 저도, 저희 남편도 우리 아이가 부모의 단점을 닮지 않고 태어나길 바랐어요. 그런데 꼭 하나씩은 닮더라고요. 저도 처음엔 그게 참 싫었어요. 왜 엄마는 "너희 아빠를 닮아서 그래."라고 하고, 왜 아빠는 "너희 엄마를 닮아서 그 모양이지!" 하는지 알겠더라고요. 그런데 그 부정적인 표현이 내 혹을 더 숨기고 싶게 만들었구나, 라는 사실도 깨달았어요. 그래서 그런 표현을 쓰지 말자고 남편과 이야기하면서, 한 걸음 나아가 조금 더 멋진 부모가 되어보자고 했죠.

조금 더 멋진 부모가 뭐냐고요? 내 단점을 닮지 않기를 바라는 게 아니라, 내 단점을 닮았다고 타박하는 게 아니라, 단점이 단점으로 자라지 않기를 바라고, 그럴 수 있게 돕는 부모라고 생각했어요. 단점도 단점이라고 이름 붙이기 전에는 단점이 아니었을 거예요. 우리가 단점이라는 이름을 붙이고 계속 미워하며 단점으로 만들어버린 거였죠. 자꾸 단점이라고 이름 붙여주지 마세요. 우리야 이미 되돌리기 어렵다고 해도 아이에게는 할 수 있잖아요. 아직 단점이란 이름표를 붙인 지 십 수 년밖에 안 되었잖아요. 그러니 뗄 수도 있어요. 우리처럼 강력하게 붙어 있지는 않거든요. 그러니 떼어주세요. 그건 단점이 아니라, 혹이 아니라, 배지 같은 거라고 생각하면 좋겠어요. 이왕이면 우리를 더 돋보이게 하는 예쁜 배지라고 생각하면 더 좋겠죠?

Q 저와는 다른 삶을 살았으면 싶어요. 저는 불행한 삶을 살고 있지만 아이만은 행복하게 살게 하고 싶어요.

A 죄송합니다. 저는 그럴 수 없다고 생각해요. 전문 상담사 선생님들은 뭔가 솔루션을 제시해주실지 모르지만, 저는 아이들을 만나다보니 어찌어찌 상담사가 된 비전문가라서요, 그럴 수는 없다고 말씀드릴 수밖에 없습니다.

행복은 가르칠 수 있는 게 아니라고 생각해요. 부모님이 불행한 삶을 사는데 행복을 가르친다고 해서 행복해지는 건 아니라고 생각하거든요. 맛집도 가봐야 얼마나 맛있는지 아는 것처럼 행복도 먹어보고 느껴봐야 알게 되죠. 부모님이 행복해야 아이가 그 행복을 함께 느낄 수 있는 거예요.

저희 엄마는 새벽시장에서 장사를 하셨어요. 낮에 주무셔야 하니 저희 삼 남매는 종일반 유치원에 맡겨졌죠. 그런데 첫째인 제가 초등학교에 입학하자 문제가 생겼어요. 저만 일찍 집에 오는 거예요. 혼자 밥을 먹어야 하는 날이 많았죠. 엄마는 그걸 안쓰러워하셨지만 그렇다고 잠을 안 자고 저랑 매일 밥을 먹을 수는 없었어요. 그래서 생각해내신 게 저한테 바로 달걀프라이 하는 법을 가르쳐주신 거였어요. 전기밥통이 없어 매일 찬밥을 먹어야하니, 프라이라도 해서 밥 위에 얹어 먹으라는 거였죠. 그럼 따뜻하게 먹을 수 있다고요. 그런데 초등학교 1학년짜리 아이가 달걀프라이 하는 법을 배웠다고 바로 해서 먹게 되나요, 뭐. 그냥 귀찮아서 찬밥에 마른 반찬들만 먹게 되더라고요. 그런데 제가 이날을 계기로 달걀프라이를 해 먹기 시작했어요. 언제냐 하면요, 제가 학교에서 일찍 파한 날 집에 오니 엄마가 달걀프라이를 해서 아주 맛있게 밥을 드시고 계셨어요. 그다음 날부터였어요. 엄마가 드시는 달걀프라이가 어찌나 맛있어 보이던지, 그다음에 혼자 밥을 먹는데 저도 모르게 달걀프라이를 해서 밥 위에 얹어 먹고 있더라고요.

세상은 우리 엄마들에게 말하죠. "달걀프라이 하는 법을 가르쳐주는 엄마가 되어야 해. 프라이 말고도 달걀로 할 수 있는 요리도 알려줘야지. 반숙도 있고 스크램블도 있으니까. 참, 프라이팬 종류도 알려줄까. 주물 프라이팬, 코팅이 된 프라이팬, 코팅이 안 된 프라이팬……. 엄마는 정보에 능해야 하니 여러 정보를 다 알려주는 게 좋은 엄마야."

그래서 우리는 행복도 가르치는 것으로 착각하고 있어요. 그런데 배운다고 다 하게 되나요? 우리도 배운 대로 다 했으면 지금쯤 하버드대나 서울대에 갔어야 하는 거 아니에요? 사실 배운 대로 다 하게 되지 않잖아요. 배운 것 중에 우리 마음하고 딱 맞아떨어지는 건 시키지 않아도 하게 되는데요, 마음에 닿지 않는 건 뭔지도 잊어버리기 일쑤죠.

지금이라도 달걀프라이를 먼저 맛있게 드세요. 제가 노랫말을 쓴 〈야매상담〉이라는 곡이 있어요. 그 노래 가사 중에 이런 대목이 있어요.

그냥 니가 먼저 행복해
그렇게 행복한 삶을 공유해

먼저 행복하세요. 그러면 자연스럽게 아이와 그 행복을 공유하게 될 거예요.

Q 전업주부인 제가 싫어요. 아이를 낳고 살림을 하기 시작했어요. 자연스럽게 경단녀가 되었는데, 그 시간이 길어지자 점점 제 자신이 초라하게 느껴집니다. 아이도 일하는 엄마를 둔 친구를 부러워할 것만 같고요. 이런 생각을 하니 더 예민해지고 기분이 가라앉아서 힘들어요.

A 저도 살림만 하던 시간이 있었어요. 친구들은 기자가 되고, 작가가 됐는데 저만 아줌마로 머물러 있는 시간이 참 힘들었죠. 돌아보면 그만큼 귀한 시간도 없었는데, 그때는 그게 귀한지 몰랐어요. 왠지 할 일 없는 사람으로 보일 것 같고, 능력 없는 사람이 된 것 같고……. 살림하며 아이를 키우는 것이 정말 큰 능력인데 말이에요. 그래서 어머니 마음을 누구보다 잘 알아요. 그런데요, 지금 어머니의 모습이 저희 엄마가 꿈꾸던 삶이었어요. 우리 엄마는 살림만 하는 게 꿈이었거든요. 아버지는 일보다 술을 더 좋아하는 분이어서 엄마가 일을 쉴 수 없었죠. 엄마는 입버릇처럼 말했어요. 저랑 집에서 대화도 맘껏 하며 가정주부로 살고 싶다고요. 그런데 그 꿈을 이뤄보지 못한 채 하늘나라로 가셨어요. 그래서 전업주부 어머니들을 보면 저희 엄마 생각이 많이 나요. 얼마 전, 주부들을 대상으로 하는 강의에 가서도 제가 그랬죠.

여러분은 저희 엄마의 꿈이라고요. 몇 분이 눈물을 훔치시더라고요. 그분들도 지금 어머니처럼 자신이 초라하게 느껴지다가 제가 그 말을 하니 울컥 하셨던 게 아닌가 싶어요.

제가 살림만 하던 그때, 왜 그렇게 초라하게 느껴졌나 생각해봤어요. 아마 제가 집에서 노는 사람으로 비쳐지는 게 힘들었던 것 같아요. 그런데 그게 억울한 것이 우리, 집에 있다고 집에서 노는 건 아니잖아요. 주부들을 대상으로 한 강연이 끝나고 "강연 들으러 와주셔서 감사해요"라고 인사하니까 어떤 분이 이렇게 말씀하시는 거예요. "남편 말이 집에서 노니까 강의라도 들으라고 해서 왔어요." 이 말에 참 화가 나더라고요. 저는 알거든요. 집에 있다고 해서 놀 시간이 있는 게 아니라는 것을요. 어떤 분이 한 연구원에게 물었대요. 뭐 하시는 분이냐고요. 그래서 연구원이라고 대답했죠. 그다음 이어지는 대화는 이랬다고 해요.

"그럼 아내분은 뭐 하세요?"

"아내는 집에서 놉니다."

"그럼 집에서 밥은 누가 차려주나요?"

"아내가요."

"주말에 이불 빨래는 누가 하나요?"

"아내가요."

"아이들 간식은 누가 챙겨주죠?"

"아내가요."

"지금 입고 오신 셔츠는 누가 다려줬나요?"

"아내가요."

"아까 아내분이 뭐 하신다고 그랬죠?"

"집에서 놉니다."

참 화가 나죠? 이게 노는 거예요? 저도 어쩌다 쉬는 날이면 정말 강의하러 나가고 싶어져요. 강의를 다녀오는 것보다 훨씬 할 일이 많으니까요. 이것저것 밀린 일들 하고 나면 하루가 금세 가버리죠. 하지만 그럼에도 주부란 노는 사람들이라는 시선이 있고, 그래서 초라하게 느껴지기도 한다는 걸 잘 알아요. 그런데요, 누군가 우리가 집에서 노는 사람이라고 생각한다고 우리가 그런 사람인 건 아니잖아요. 문득 초라해진다고 우리가 초라한 사람인 건 아니잖아요. 우리가 빨래와 설거지를 하는 사람도 아니지만, 빨래와 설거지를 한다고 노는 사람도 아니잖아요. 그게 사실 아닐까요? 그러니 느낌보다는 사실을 믿어주셨으면 좋겠습니다.

그리고 아이는 친구의 일하는 엄마를 부러워하지 않을 거예요. 누구보다 자신의 엄마를 좋아할 거예요. 우리의 마음을 해치는 건 아이가 친구의 엄마를 부러워해서가 아니라, 아이가 친구의 엄마를 부러워할까 봐 불안한 우리의 생각 때문이에요. 그러니 그런 생각은 과감히 버리고 자신이 정말 좋은 엄마라는 사실을 떠올려주세요. 신이 있다면, 정말 아이에게 딱 맞는 엄마를 주셨을 거고, 그게 바로 어머니일 거예요.

$\mathcal{Q}$ 워킹맘이라 에너지가 부족해요. 일을 하고 집에 들어가면 쉬고 싶은데, 아이들은 하고 싶은 이야기가 쌓여 있나 봐요. 저는 들어줄 기운이 없고……. 어쩌면 좋을까요?

$\mathcal{A}$ 백 퍼센트 공감해요. 우리는 에너지가 소진돼서 집에 들어가는데 아이들은 우리를 만날 에너지를 남겨두고 있는 것 같아요. 그래서 방법은 우리도 에너지를 남겨두는 것밖에는 없어요. 사람의 에너지를 100이라고 본다면 일을 하는 부모들은 거의 모든 에너지를 소진하고 들어가는 경우가 많아요. 어쩌다 에너지가 남을 때는 친구들을 만나거나 쉴 때 하려고 미뤄둔 일을 하죠. 그럼 또 에너지가 0이 돼요. 그래서 에너지를 의식하며 남겨야 해요. 보통 자신의 에너지는 대략 가늠이 되거든요. 내가 이렇게 하면 에너지가 남는데 이렇게 하고 저렇게 하면 에너지가 소진되는 분이 있고, 이렇게 하고 저렇게 하고 요렇게 해야 에너지가 고갈되는 분이 있어요. 개인차가 있긴 하지만 보통 자기의 에너지가 어느 정도 사용해야 소진되는지는 알 수 있잖아요. 그러니 아이들만큼은 아니더라도 에너지를 남겨서 집에 들어간다고 생각하셔야 해요.

적어도 20은 남겨야 이야기를 들어줄 수 있지 않을까요? 물론 저질 체력인 분들도 계실 거예요. 일만 해도 나는 0이 된다는 분도 계시겠지만, 그래도 에너지를 남겨서 들어간다고 생각하는 것과 무방비로 다 사용하고 가는 건 다르거든요. 아이들은 들어주는 것만으로도 마음의 많은 먼지들을 털어낼 수 있어요. 그러니 들어주는 일 정도는 우리가 해줬으면 좋겠어요. 그러려면 노력해야 할 수밖에 없고요. 오히려 방문을 닫고 들어가 아무 말도 하지 않는다는 질문보다는 지금 하신 질문이 더 감사한 질문이라고 생각해요. 에너지가 있어도 아이가 전혀 이야기를 하고 싶어 하지 않는다면 더 큰 문제거든요. 그러니 힘드시겠지만 이야기를 들어줄 에너지는 남겨서 귀가하자고 생각하시고, 에너지를 조금 아껴 쓰는 쪽으로 노력해주세요.

일만 하기에도 힘든데 아이들을 키우면서 회사에 다니는 건 보통 일이 아니라는 걸 매우 잘 알고 있어요. 잘 알면서 이렇게 말씀드려야 하니 죄송한 마음이 커요. 저도 가끔은 너무 힘들어서 다 집어치우고 싶을 때가 있거든요. 그럴 때는 영락없이 저의 에너지가 고갈되었을 때더라고요. 엄마가 아니라면 괜찮은데 엄마라서 안 되겠다 생각했죠. 아이들이 있는데 저만을 위해 에너지를 쓸 수는 없으니까요. 더더욱 아이들을 만나는 일을 하면서 정작 자기 집의 아이들에게 에너지를 주지 않는 건 말이 안 되기도 하고요. 그래서 상담을 하나 잡으면 딸들을 위한 시간을 똑같이 남겨두기 시작했어요. 밖의 청소년을 한 번 만나면 집의 청소년을 한 번 만날 수 있는 에너지를 남겨두기 시작한 거죠. 의식하지 않으면 안 되더라고요. 저도 약간 일중독 스타일이거든요. 의식하지 않고도 아이를 위한 에너지를 남길 수 있다면 참 좋을 텐데 그럴 수 있을 만큼 일하는 게 녹록하진 않잖아요. 그러니 의식적으로 에너지를 남길 수밖에 없다고 말씀드리는 거예요. 마지막으로 한 가지 바라고 싶은 건요, 아이들을 위한 시간이 부모님에게도 쉼이 되었으면 좋겠어요.

Q 이혼 때문에 아이가 엇나가는 듯해요.

A 음…… 그럴 수도 있죠. 아닐 수도 있고요. 그게 이유일 수도 있지만 전부의 이유는 아닐 수도 있어요. 이미 그랬지만 지금은 아닐 수도 있고요. 정확히 알 수는 없지만, 그렇게 생각하지 않으셨으면 좋겠어요. 아이가 엇나가는 이유를 자꾸 본인 탓으로 돌리지 않으시면 좋겠어요. 부모의 이혼이 마음의 방향을 어긋나게 돌려놓을 수는 있지만 누구나 그 상태로 멈추지는 않거든요. 다시 돌려놓기도 하고, 다른 이유로 더 어긋나기도 해요. 그게 가슴이 아파서 나 때문인가 싶기도 하고, 말하기 좋아하는

사람들이 그렇게 말하니 그게 사실인가 싶기도 하죠. 하지만 부모가 이혼했다고 다 어긋나는 건 아니에요. 아무 문제 없이 지나가긴 어려울 수 있지만, 그것이 문제가 되어 계속 어긋나기를 작정하지도 않아요. 마음의 문제는 뚜렷한 이유를 찾을 수 없을 때도 많고요. 그런데 아버님이 자신의 이혼 때문에 아이가 어긋났다고 자책하시면 본인만 힘들어지세요. 게다가 되돌릴 수도 없는 일이잖아요. 해결할 수 없는 일을 탓하면 마음에 상처만 깊어질 뿐이라고 생각해요.

아이에게 말씀해주세요. 최선을 다했는데 이렇게 되었다고. 그게 상처가 되었다면 미안하다고. 여느 가정처럼 행복하게 살고 싶었는데 그게 잘 안되었다고 말이에요. 맞잖아요. 아버님이 이혼하고 싶어서 결혼하신 건 아니잖아요. 공부를 못하고 싶어서 학교에 가는 사람 없듯, 승진 명단에서 빠지려고 회사에 가는 사람이 없듯, 돈을 조금 벌고 싶어서 돈을 버는 사람이 없듯, 대학에 떨어지고 싶어서 수능을 보는 사람이 없듯, 우리는 잘하고 싶은데 그게 잘 안 되었을 뿐이잖아요. 그러니 그 마음을 잘 전해주세요.

그리고 현재 위치를 잘 파악하셔야 해요. 어긋난 아이가 지금 어디에 와 있는지를 잘 보셔야 한다고요. 내가 이러지 않았으면 아이가 이렇게 되지 않았을까, 라는 생각은 사실 하실 필요가 없어요. 시간을 되돌릴 수 없으니까요. 길을 잃으면 그 자리에 서서 나침반을 꺼내 방향을 잡아봐야 하잖아요. 그거예요. 잘 보시고 거기서부터 어디로 걸어가야 하는지 판단하시면 돼요. 뒤돌아보지 마시고 앞으로요. 느려도 괜찮으니 아이와 함께 걸어주세요.

Q 출산 후 제 자신을 잃어버렸어요. 82년생 김지영은 그래도 김지영으로 불리니 행복하겠어요. 저는 아이를 낳은 후부터 지금까지 누구 엄마이기만 한 것 같아요.

A 처음 엄마가 되고 나면 자신의 이름을 잃은 것 같은 생각이 들긴 하죠. 저도 택배 아저씨가 "오선화 씨, 택배 왔어요!" 하면 기뻤던 거 같아요. 이름을 너무 오랜만에 들어서요.(웃음) 누구의 엄마가 되었다는 건 참 기쁜 일인데, 엄마 외에 다른 사람이 될 수 없을 것 같은 우울감도 동반하더라고요.

그래도 우리는 이름이 많이 불려봐서 그래요. 불려보지 않았다면 허전함도 없을 텐데 불리다가 안 그러니 허전한 거죠. 요즘 아이들은 이름이 잘 불리지 않는대요. 학교에선 출석부를 안 부를 때가 많고요, 학원에서도 컴퓨터로 로그인하면 엄마에게 알림이 가니 이름을 부를 필요가 없고요, 엄마도 카톡으로 "학원 끝났어?" 묻긴 하지만 이름을 불러주진 않는대요. 친구 사이에서도 이름을 부를 때보다 메시지를 주고받을 일이 많다고 해요. 우리 어렸을 때는 스마트폰이 없었던 게 참 행운이었죠. 엄마가 기분 좋을 때는 "선화야!"라고 부르고, 기분 나쁠 때는 "오선화!"라고 성을 붙여 불렀잖아요.(웃음) 친구들에게도 이름을 불릴 일이 많았고요. 이름을 부르지 않으면 호출할 수 없었으니까요. 부르지 않아도 연락할 수 있는 시대에 산다는 건 몸은 편리하지만 마음 한구석은 쓸쓸하기도 한 것 같아요.

이름을 부르는 것, 내 이름으로 연락을 받는 것은 참 중요해요. 자녀의 학교 친구 엄마가 "누구 엄마!"라고 부르다가도 친해지면 "선화야!" 하게 되잖아요. '가까운 사이라는 건 서로의 이름을 불러주는 사이를 의미하는구나' 하는 생각이 들더라고요. 그러니까 김지영 씨를 너무 부러워하지 마시고요(사실 그 김지영도 우리만큼 누구의 엄마와 아내로 힘겹게 살잖아요), 이름을 불러주는 친구랑 만나세요. 저는 친정 엄마가 돌아가셔서 모르지만, 제 친구 친정 엄마는 꼭 딸의 이름을 불러주시더라고요. 제가 놀러 가도 제 이름을 불러주셔서, 사실 그게 좋아서 가끔 가거든요.(웃음) 그래서 저는 일부러라도 이름이 불릴 일을 만드셨으면 좋겠어요.

〈최고의 이혼〉이라는 드라마에서 할머니가 컬링을 배우는데요, 그 할머니가 컬링을 배우는 이유에 대해 이렇게 설명하시더라고요. "나는 컬링 할 때 미숙! 미숙! 하는 게 좋아. 젊어진 거 같고 친구 된 거 같고."

　이 대사가 참 공감이 돼서 적어두었어요. 그러니 우리도 젊어진 거 같고 친구 된 거 같게 이름이 불릴 일을 만들어봐요. 이름 불러주는 오래된 친구를 만나도 좋고, 컬링을 배우셔도 좋아요. 카톡보다는 직접 만나세요. 우리는 디지털 시대보다 아날로그 시대를 더 오래 살았던 사람들이라 아날로그로 쌓이는 정에 의해 위로를 받죠. 겪지 않았으면 아쉽지도 않을 텐데 겪어봤기 때문에 아쉬운 순간이 오는 것 같아요. 나이가 들어서라기보다 익어가고 있어서, 라고 말하고 싶네요.(웃음) 오늘은 제 이름 한번 불러주고 자야겠어요. "선화야! 수고했어, 오늘도." 이렇게요. 어머니도 고운 자신의 이름을 한번 불러주고 주무세요. 그 이름은 누구의 엄마이기 이전에 너무 소중한 나 자신이니까요.

아이가 방문을 닫기 시작했습니다

ⓒ 오선화, 2019

초판 1쇄 발행일   2019년 6월 7일
초판 3쇄 발행일   2023년 11월 30일

지은이   오선화
펴낸이   정은영

펴낸곳   꿈지락
출판등록   2001년 11월 28일 제2001-000259호
주소   10881 경기도 파주시 회동길 325-20
전화   편집부 (02)324-2347, 경영지원부 (02)325-6047
팩스   편집부 (02)324-2348, 경영지원부 (02)2648-1311
이메일   munhak@jamobook.com

ISBN 978-89-544-3985-5 (13590)

꿈지락은 "마음을 움직이는(感) 즐거운(樂) 지식을 담는(知)"
㈜자음과모음의 실용 에세이 브랜드입니다.